개념부터 문제풀이까지

평면도형 꼭꼭 씹어먹기

코담연구소 지음

작은서재

머리말

18년간 교육 현장에서 일하면서 그동안 많은 학부모와 이야기를 나누어왔습니다. 아이가 어릴수록 연산에 대한 걱정을 많이 하고, 연산의 진도와 정확성을 가지고 다른 아이와 비교하는 모습을 흔히 볼 수 있었습니다.

물론 연산을 정확히 하는 것은 중요합니다. 하지만 연산을 잘하는 경우에도 도형 파트를 접하면 어려워하는 아이들이 많습니다. 그동안 수학을 꽤 좋아하고 잘한다고 여겼던 아이가 공부하기 힘들어하면 학부모도 당황하기 시작합니다. 게다가 연산과 달리 도형은 학부모가 보기에도 만만치 않다는 사실에 더욱 놀랍니다.

초등 수학은 수연산 부분과 도형 부분으로 나누어져 있습니다. 그러므로 도형에 대해 제대로 개념을 잡아두지 않으면 초등 수학의 반을 포기하는 것과 같습니다. 문제는 여기에 그치는 게 아니라, 수학을 점점 재미없어 하고 어려워하면서 수학을 포기하는 '수포자'의 길로 접어들게 된다는 것입니다. 수연산은 반복 학습을 하다 보면 잘하게 되지만, 도형은 개념을 제대로 알지 못하면 문제를 풀기가 어렵습니다. 다시 말해 무엇보다도 개념 학습이 중요합니다.

이 책은 입학 전 또는 초등 저학년 아이들이 도형을 쉽게 이해할 수 있도록 핵심 개념을 꼭꼭 집어 설명했습니다. 또한 개념을 적

용한 문제 풀이를 통해 도형에 대한 기초를 탄탄하게 다질 수 있도록 했습니다. 그리고 '좀 더 알아보기'를 통해 심화학습을 할 수 있게 했으며, 해당 개념이 몇 학년 때 나오는지도 정리해 두었습니다. 그리고 교과서 문제를 수록해 학습 효과를 높였습니다. 이뿐만 아니라 학부모가 도형을 가르칠 때 염두에 두면 좋은 팁과 여러 가지 도형 놀이 방법도 소개했습니다.

이 책을 통해 아이들이 도형 감각을 익히고 도형 개념을 꽉 잡아 즐겁고 재미있게 공부할 수 있길 기대합니다. 책을 펴내는 데 도움을 주신 작은서재 사장님, 그리고 기도해 주신 여러분께 감사드립니다.

코담연구소 대표 이선용

차례

1부 점, 선, 면, 각은 도형의 기초

2부 도형을 만나요

3부 도형으로 놀아요

4부 도형으로 만들어요

1부

점, 선, 면, 각은 도형의 기초

1 모든 도형은 점에서 시작해요

개념 꼭꼭 점은 크기는 없고 위치만 있어요.

'점'이라고 하면 작은 동그라미를 떠올리기 쉬워요. 하지만 수학에서 말하는 점은 눈에 보이지 않습니다. 그래서 크기를 구할 수 없어요.
같은 길이의 직선 두 개를 그린 뒤 양 끝에 하나는 작은 점, 다른 하나는 큰 점을 찍어 보세요. 그런 다음 두 직선의 길이를 재어 보세요.

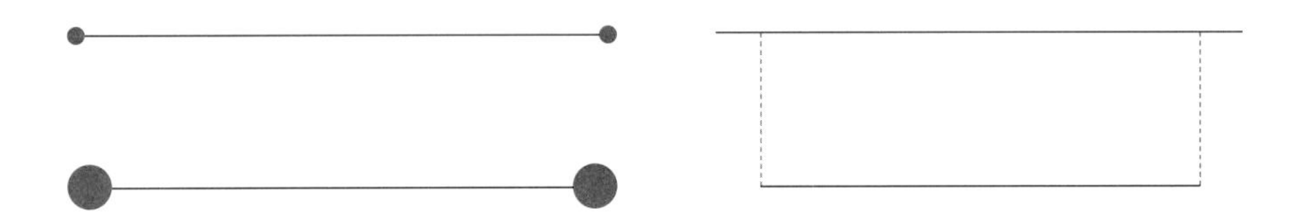

어때요? 작은 점을 찍은 직선이 큰 점을 찍은 직선보다 길죠. 길이는 '두 점 사이의 거리'를 말하는데, 점의 크기에 따라 길이가 달라지면 안 됩니다. 그래서 '점은 크기가 없고 위치만 있다'고 말하는 것이랍니다.

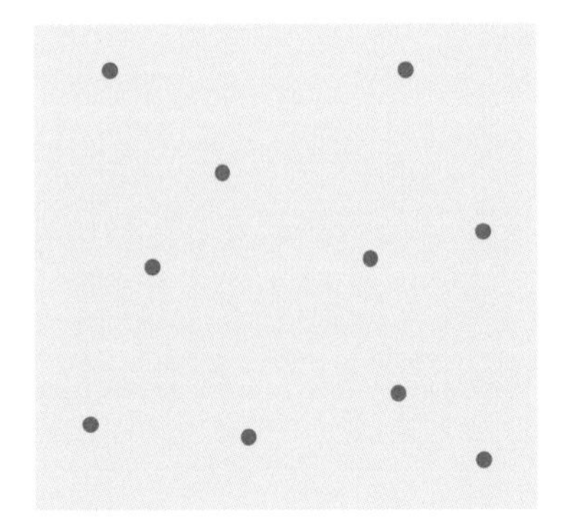

점이 여기저기 놓여 있어요.

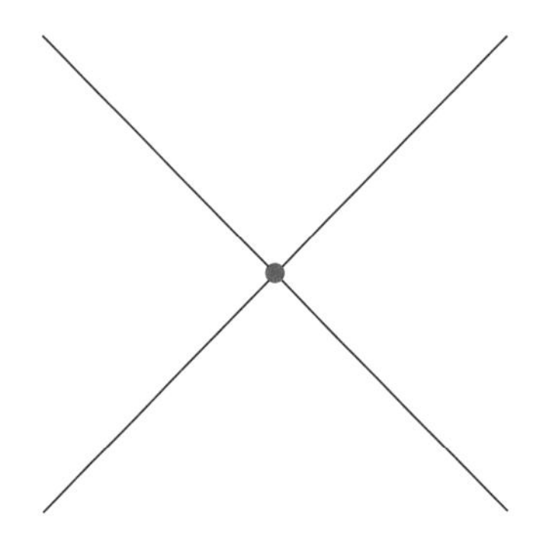

선과 선이 한 점에서 만나요.

같은 위치에 있는 점을 찾아보아요

왼쪽에 표시된 것과 같은 위치에 있는 점을 찾아 동그라미를 그려 보아요.

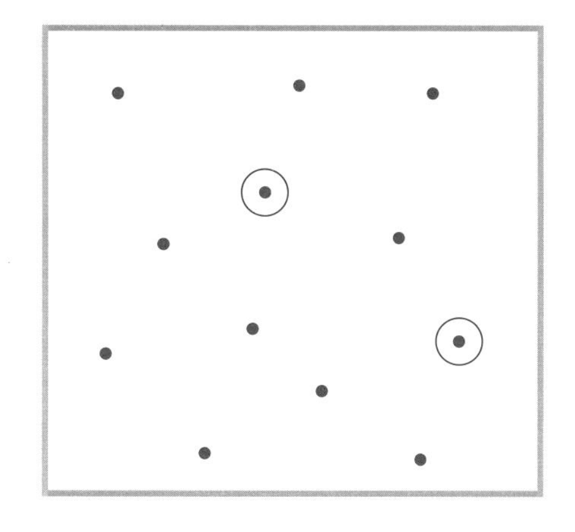

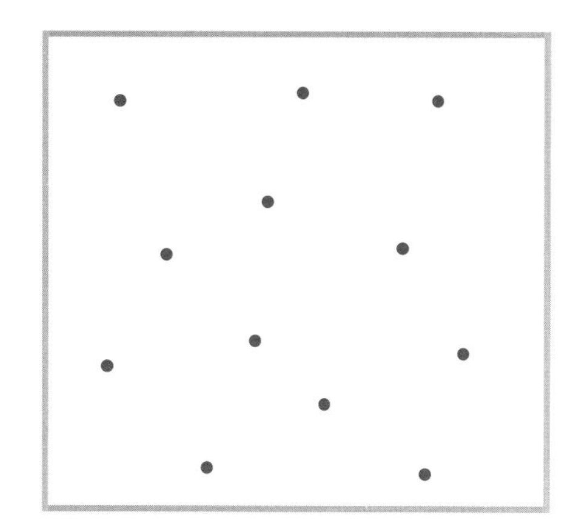

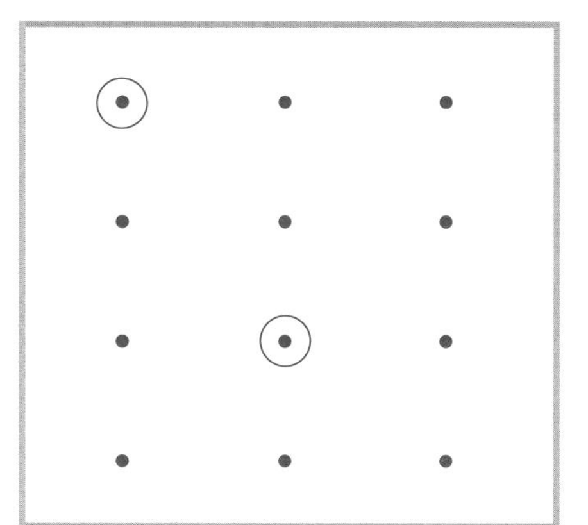

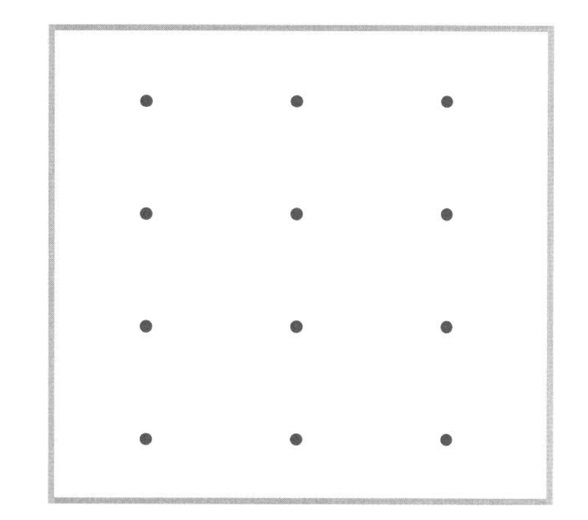

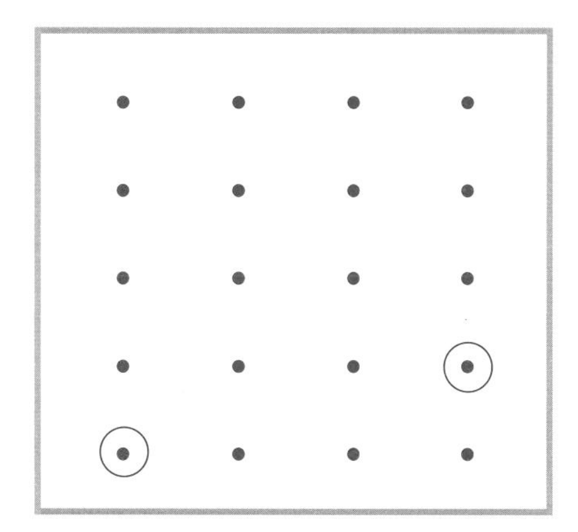

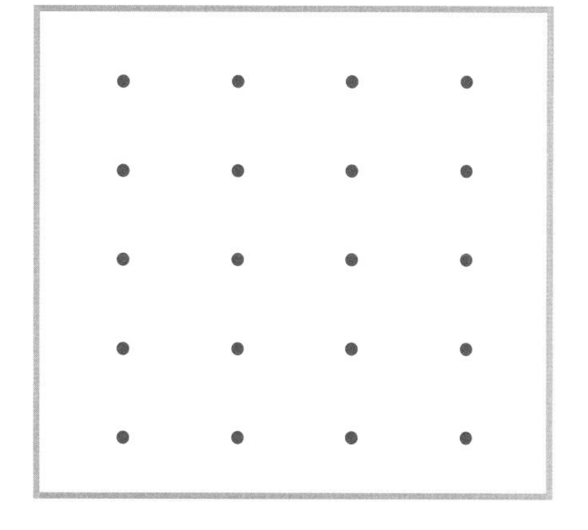

같은 위치를 찾아보는 활동은 모사 활동의 시작이자 좌표 개념 형성에 도움을 줍니다.

같은 위치에 점을 그려 보아요

왼쪽에 표시된 것과 같은 위치에 점을 그려 보아요.

점을 따라 그려 보아요

고양이 입과 꼬리가 사라졌어요. 점을 차례로 이어 원래대로 만들어 주세요.

2 점과 점이 모여 선이 됩니다

개념 꼭꼭 선은 한 점이 계속 움직인 자취입니다. 길이와 위치는 있으나 넓이와 두께는 없어요.

아래의 두 사각형을 잘 살펴보세요. 둘 다 같은 크기입니다. 왼쪽 사각형은 가는 선, 오른쪽 사각형은 굵은 선으로 테두리를 그렸어요.

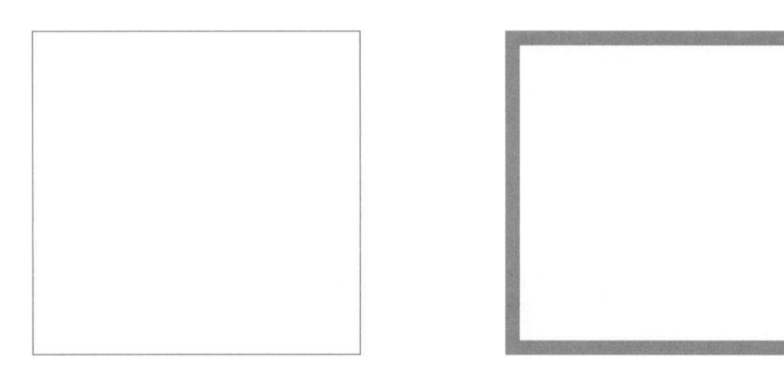

이번에는 두 사각형의 선을 없애 보았어요. 어때요? 두 사각형의 크기가 달라졌죠. 그래서 '선은 두께가 없다'고 말하는 거랍니다.

점에 크기가 있다면, 선에 두께가 있다면 어떨지 생각해 보세요. 점과 선이라는 추상적인 개념을 아이에게 좀 더 쉽게 설명해 줄 수 있습니다.

곧게 뻗은 직선과 구불구불한 곡선

곧게 뻗은 길처럼 '곧은 선'을 '직선', 구불구불한 길처럼 '굽은 선'을 '곡선'이라 해요. 두 점 사이를 곧게 이으면 '직선'이 되고, 구부려 이으면 '곡선'이 됩니다.

다음 선을 따라 그린 뒤 네모 안에 직선인지 곡선인지 적어 보세요.

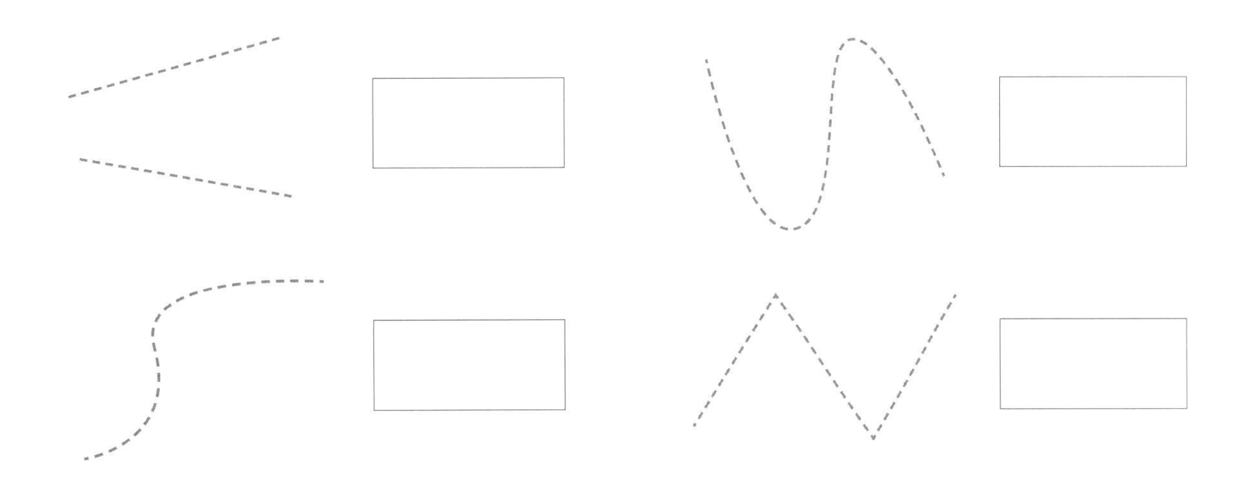

직선과 곡선을 찾아보아요

다음 그림에서 검은색으로 표시된 선이 곡선이면 ○, 직선이면 △ 표 하세요.

아이의 등에 손가락으로 선을 그린 다음, 어떤 모양인지 종이에 그려 보라고 하세요. 선의 이해 및 감각 발달에 도움을 줄 뿐만 아니라 즐거운 놀이 시간이 된답니다.

직선과 곡선으로 얼굴 표정을 나타내 보아요

직선과 곡선을 이용하여 다양한 얼굴 표정을 나타내 보세요.

좀 더 알아보아요!

선의 종류 : 선의 종류를 알면 평행과 수직 개념을 이해하기 쉬워요.

선분 : 두 점을 곧게 이은 선입니다.

직선 : 선분을 양쪽으로 끝없이 늘인 선입니다.

반직선 : 한 점에서 시작해 끝없이 뻗어나가는 직선입니다.

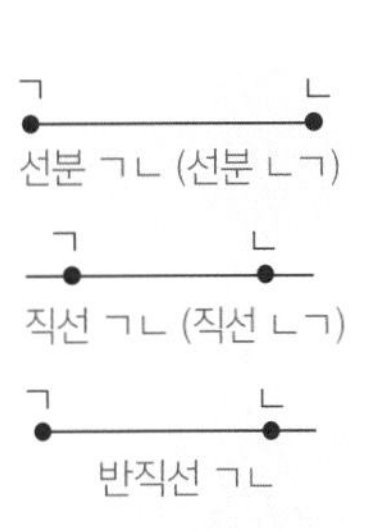

3 수많은 선이 쌓여 면이 됩니다

개념 꼭꼭 면은 선이 이동한 자리를 말해요. 면은 수많은 선으로 이루어져 있어요.

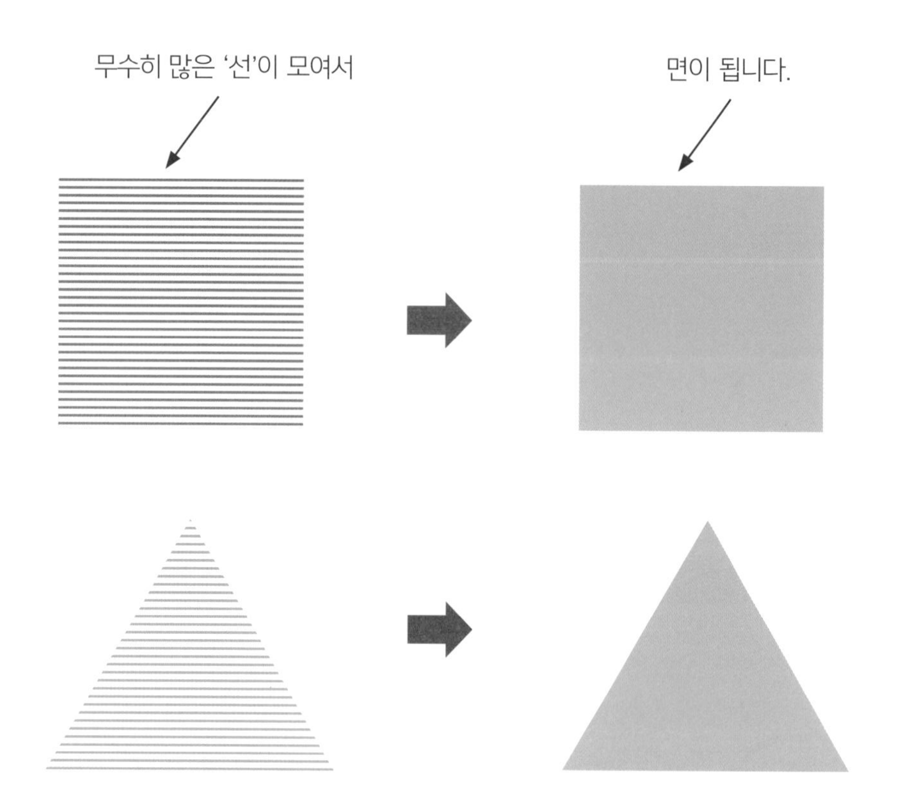

면을 만드는 가장 간단한 방법은 점 세 개를 잇는 것입니다. 이때 오른쪽 그림처럼 세 점이 한 직선 위에 있으면 면이 만들어지지 않습니다.

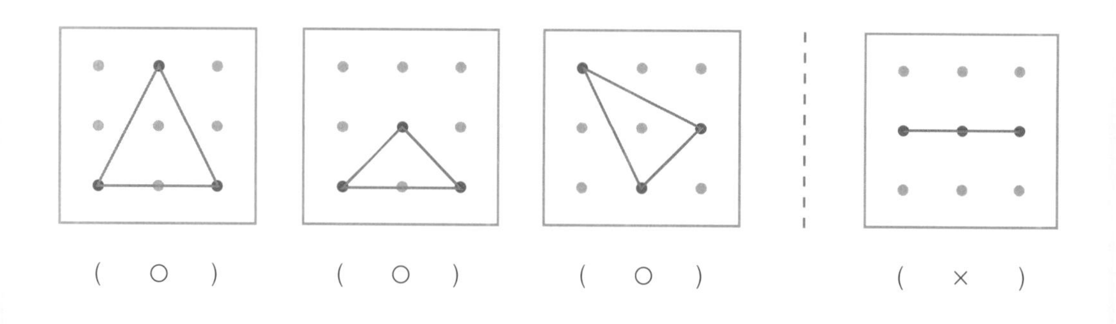

(○) (○) (○) (×)

면을 찾아보아요

다음 도형의 면의 개수를 세어 보세요.

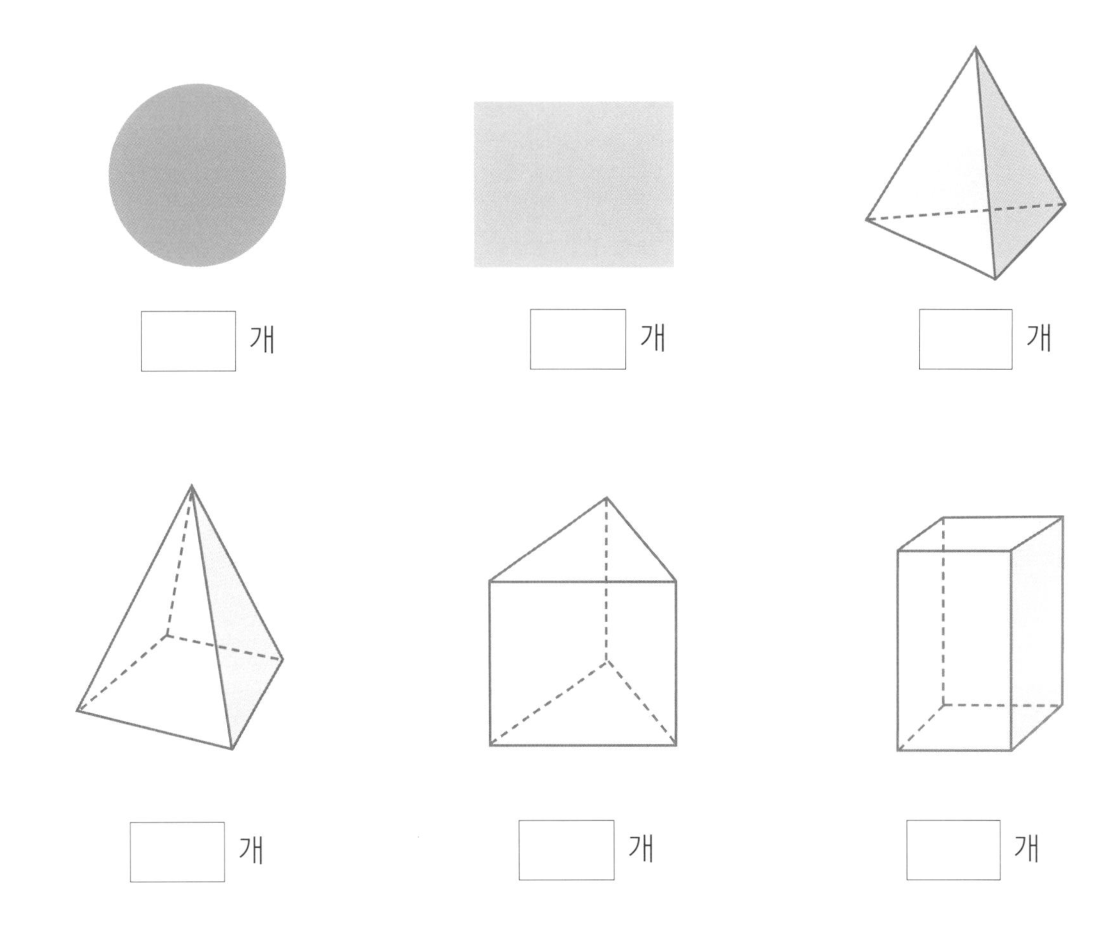

좀 더 알아보아요!

평면과 곡면 : 평평한 면을 '평면'이라고 하고, 둥그런 입체의 면처럼 구부려진 면을 '곡면'이라고 해요.

평면 곡면 평면 곡면

4 각을 알면 도형을 구분하기 쉬워요

개념 꼭꼭 한 점에서 그은 두 반직선으로 이루어진 도형을 '각'이라고 해요.

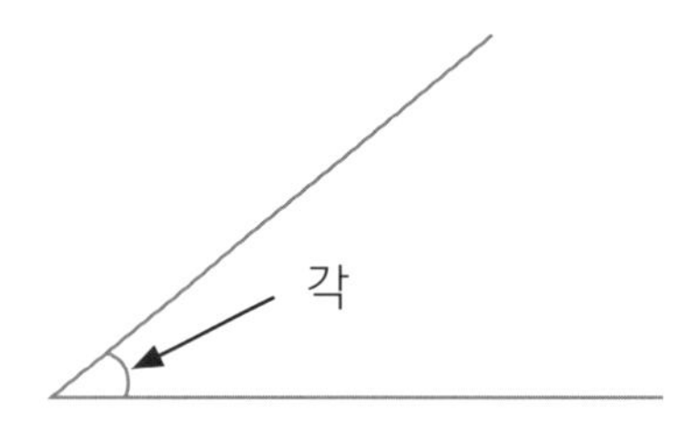

반직선은 한 점에서 시작해 끝없이 뻗어 나가는 직선입니다.
두 반직선이 벌어진 정도를 '각도'라고 합니다.
각도를 잴 때는 오른쪽과 같은 '각도기'를 이용해요.

각의 개념을 이해했으면 이번에는 각의 개수를 세어 보아요.
다음 두 도형 중 왼쪽 도형은 3개, 오른쪽 도형은 4개의 각이 있어요.

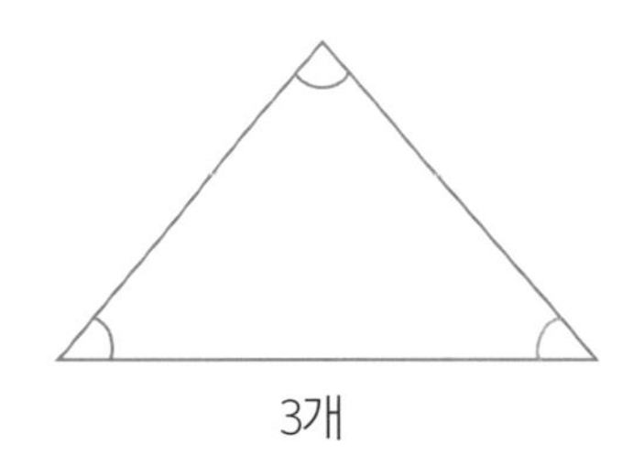
3개

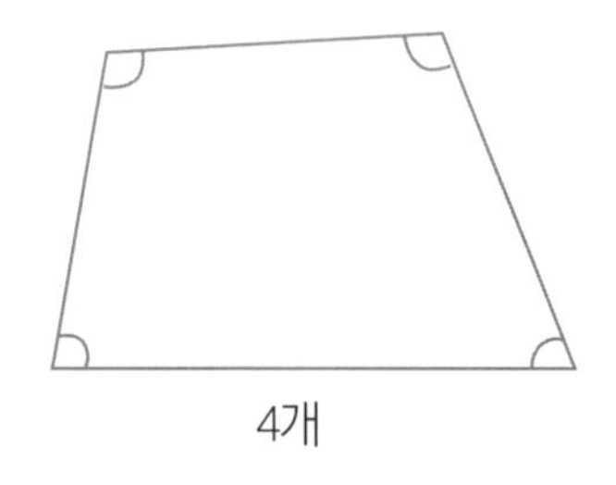
4개

각의 개수는 도형의 이름과 연관성이 있습니다.
삼각형은 각이 3개니까 삼각형, 사각형은 각이 4개니까 사각형입니다.

각은 초등학교 3학년, 4학년 과정에서 배웁니다. 7~8세도 각에 대해 충분히 이해할 수 있으니 미리 배워 두면 좋습니다. 각을 정확히 구분할 줄 알면 도형의 형태를 구분하는 데 도움이 됩니다.

각을 찾아보아요

각을 찾아 보기와 같이 ○표 하세요. 각이 없는 도형도 있으니 주의하세요.

각은 반드시 곧은 선 2개가 만나야 해요.

꼭짓점과 변을 찾아보아요

오른쪽 그림에서 점ㄴ을 각의 '꼭짓점'이라 하고 반직선ㄴㄱ과 반직선ㄴㄷ을 각의 '변'이라 합니다.

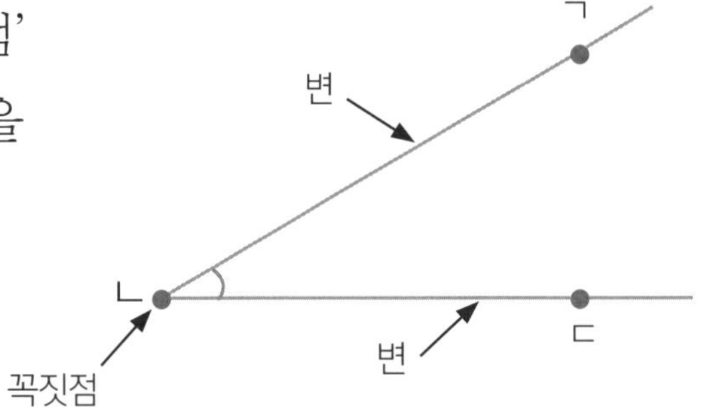

보기와 같이 각의 꼭짓점을 적어 보세요.

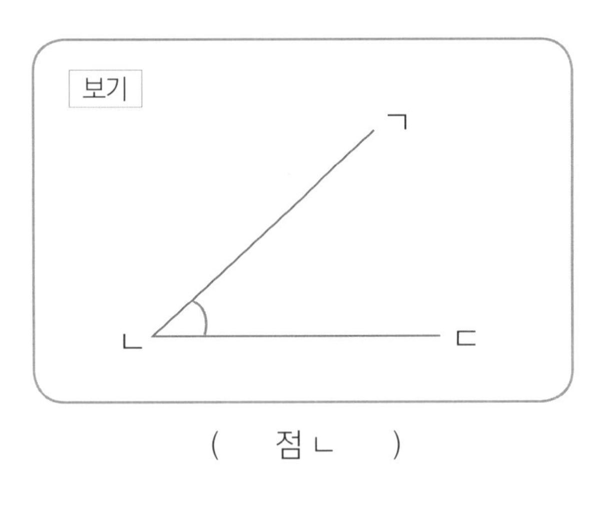

(점ㄴ)

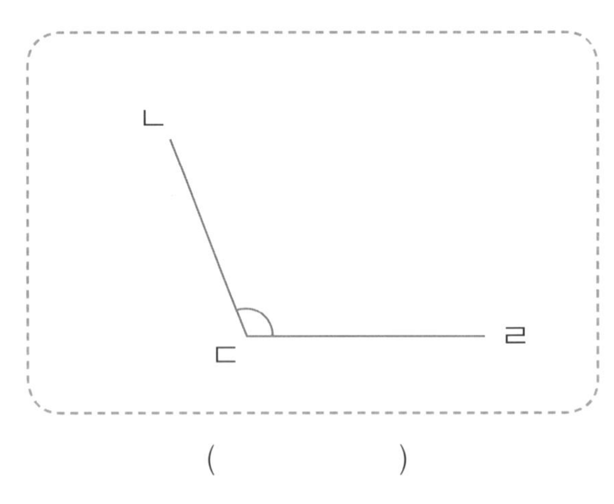

(   )

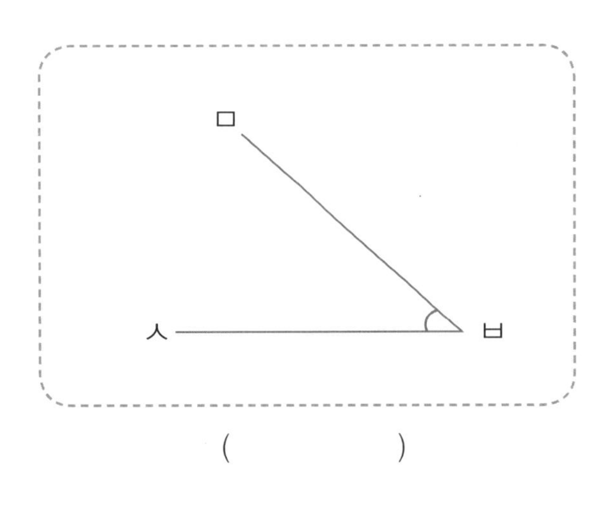

(   )

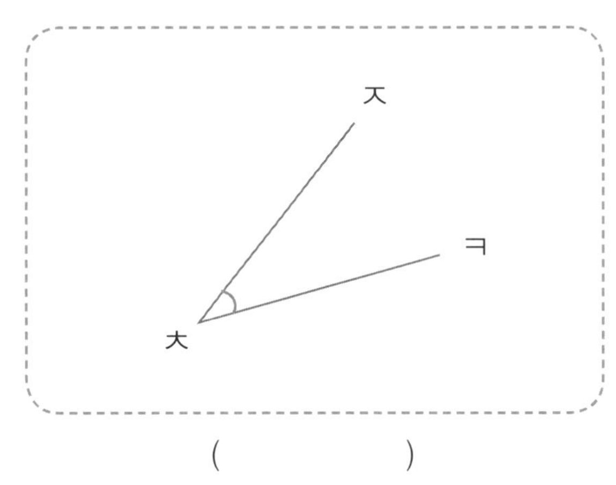

(   )

각을 읽어 보아요

각을 읽을 때는 꼭짓점이 가운데 오도록 읽으면 됩니다. 왼쪽 각은 각ㄱㄴㄷ 또는 각ㄷㄴㄱ이라고 읽습니다.

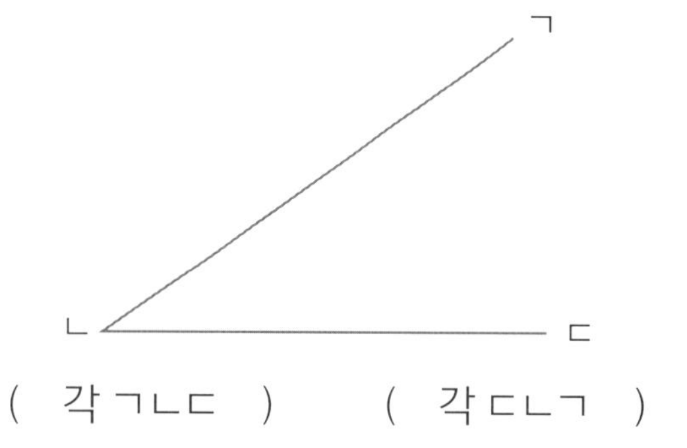

다음 각을 읽어 보아요.

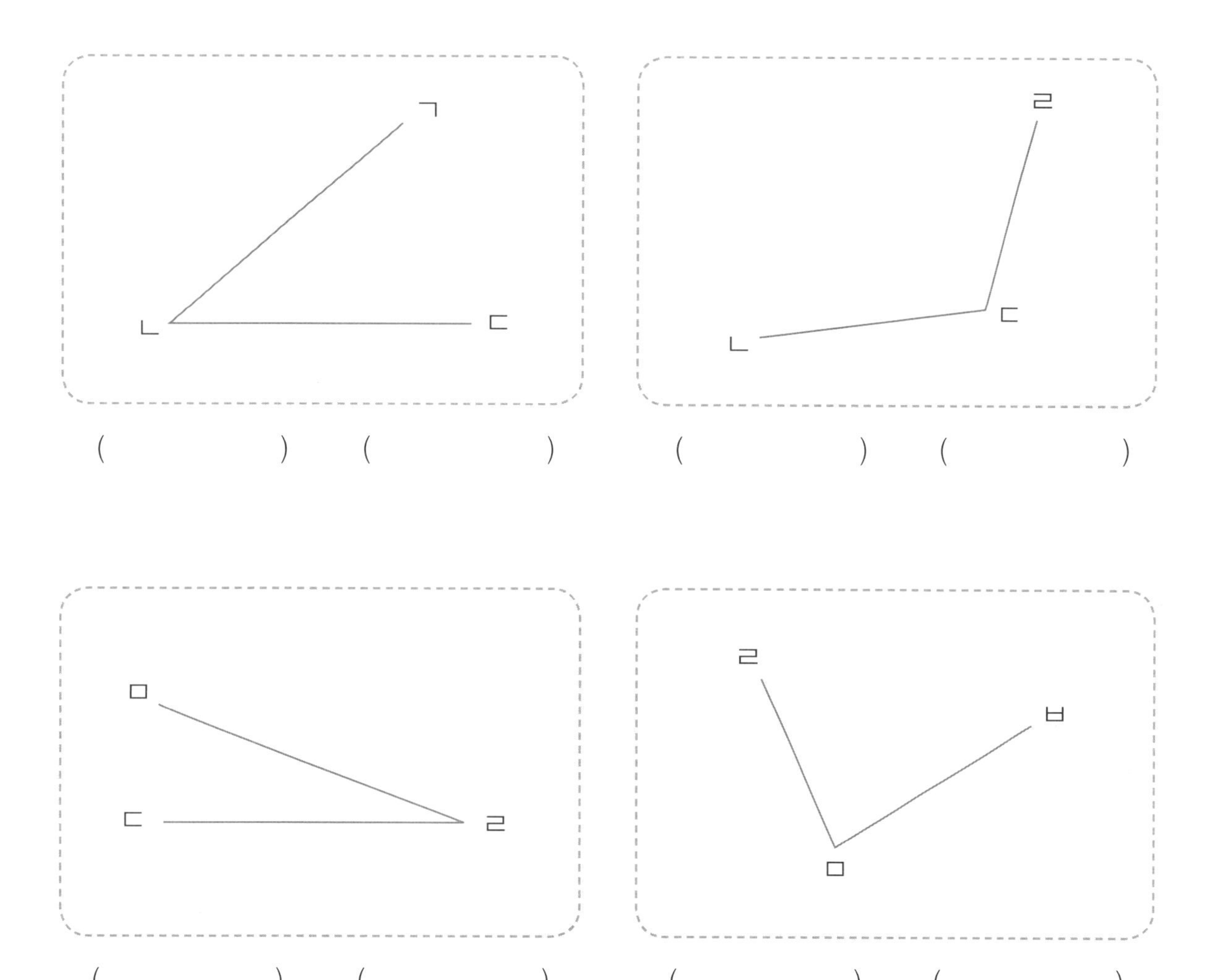

( ) ( ) ( ) ( )

( ) ( ) ( ) ( )

직각을 알아보아요

직각 : 평평한 각을 반으로 나눈 각입니다. 직각은 양쪽 각의 크기가 같습니다. 색종이를 반듯하게 두 번 접었다 펼쳤을 때 생기는 각을 떠올려 보세요.

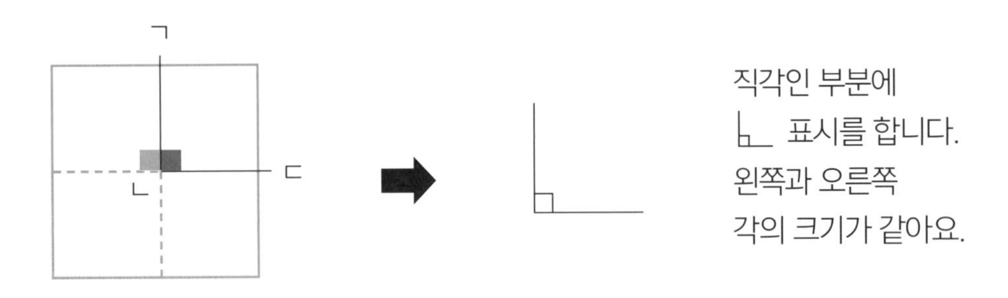

직각인 부분에
∟ 표시를 합니다.
왼쪽과 오른쪽
각의 크기가 같아요.

다음과 같은 물건에서 직각을 찾을 수 있어요.

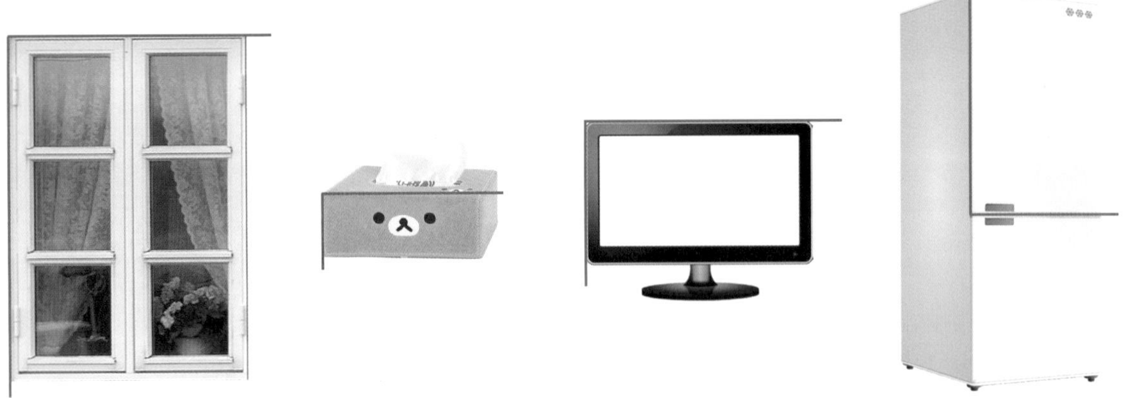

직각은 다양한 모양으로 표현할 수 있어요. ①, ②, ③, ④처럼 바르게 놓여진 것 외에 ⑤, ⑥처럼 비스듬하게 놓여진 것도 직각입니다.

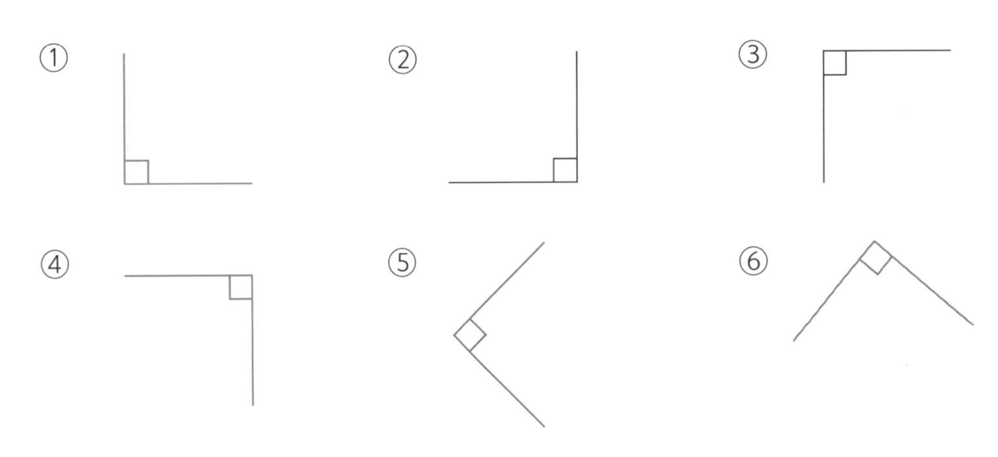

예각과 둔각을 알아보아요

예각 : 직각보다 작은 각입니다. 뾰족한 연필처럼 생겼어요.

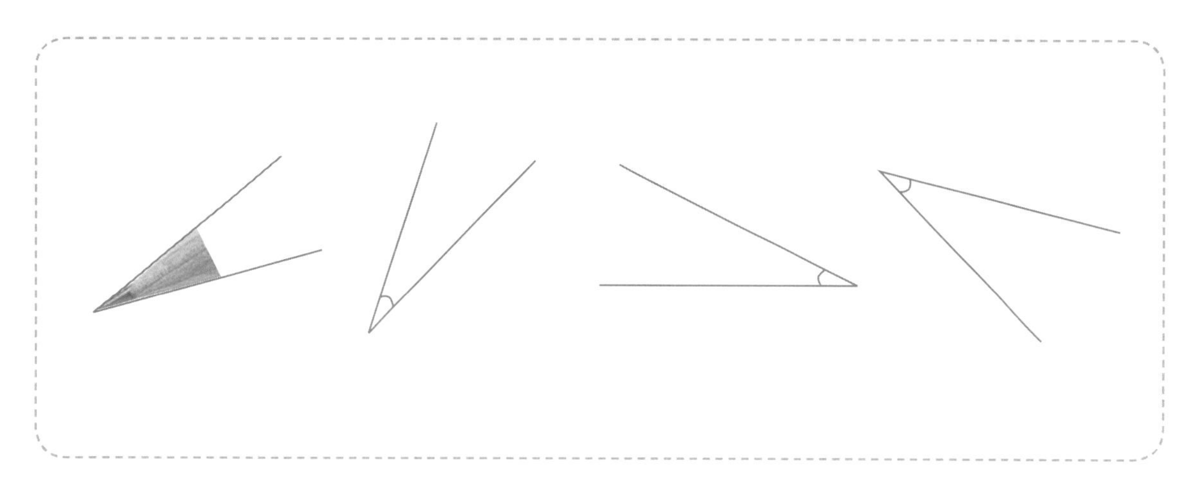

둔각 : 직각보다 크고 평평한 각보다 작은 각입니다. 뒤로 젖혀진 의자 등받이처럼 생겼어요.

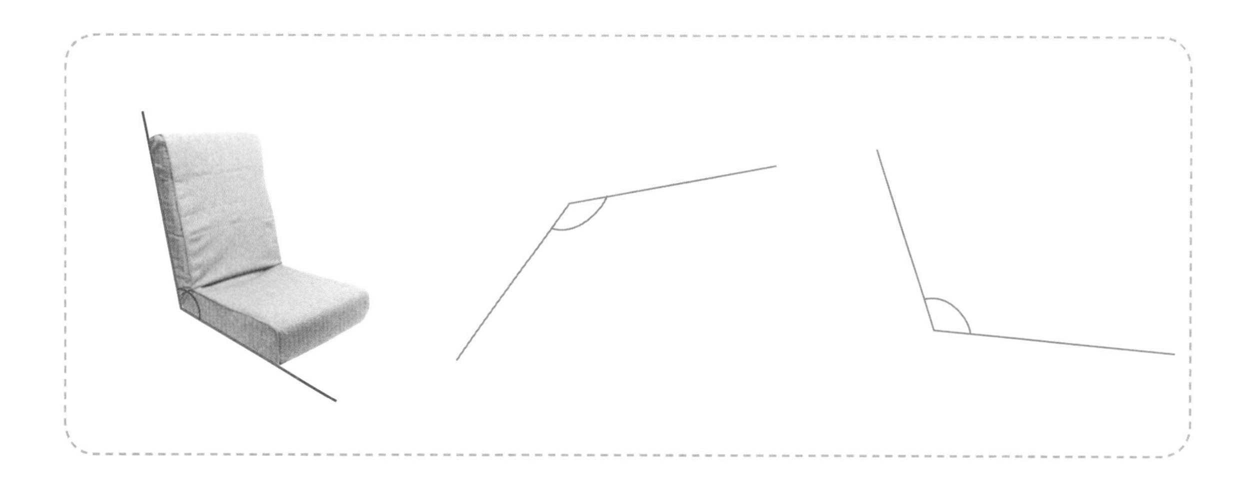

직각, 예각, 둔각을 정확히 구분하는 활동은 삼각형의 종류를 이해하는 데 도움이 됩니다.

직각삼각형, 예각삼각형, 둔각삼각형을 알아보아요

직각삼각형

한 각이 직각인 삼각형입니다.

"한 각이 네모 반듯해요 ~ ♪"

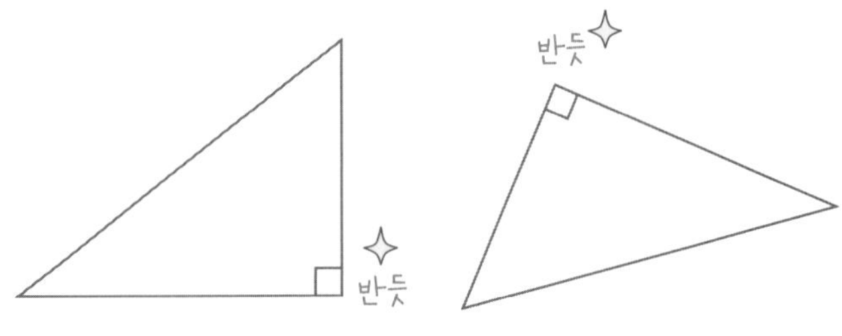

예각삼각형

세 각이 모두 예각인 삼각형입니다.

"세 각이 뾰족뾰족해요!"

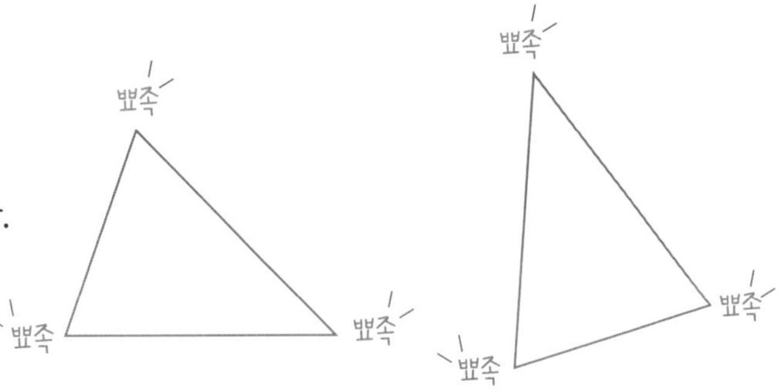

둔각삼각형

한 각이 둔각인 삼각형입니다.

"한 각이 널찍널찍해요 ~♫"

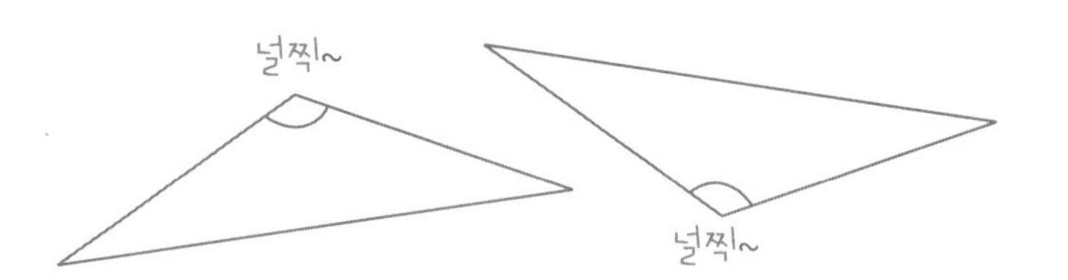

직각삼각형은 파란색, 예각삼각형은 빨간색, 둔각삼각형은 노란색으로 칠하세요.

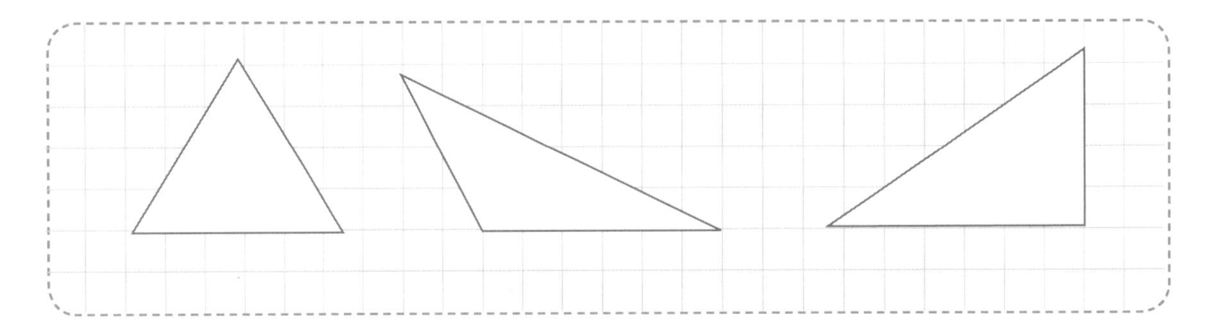

아이들은 예각삼각형, 직각삼각형, 둔각삼각형을 구별하는 것을 어려워합니다. 색종이나 A4 용지 귀퉁이를 찢어 직각보다 큰지 작은지 대어 보면 알맞은 삼각형을 쉽게 찾을 수 있습니다.

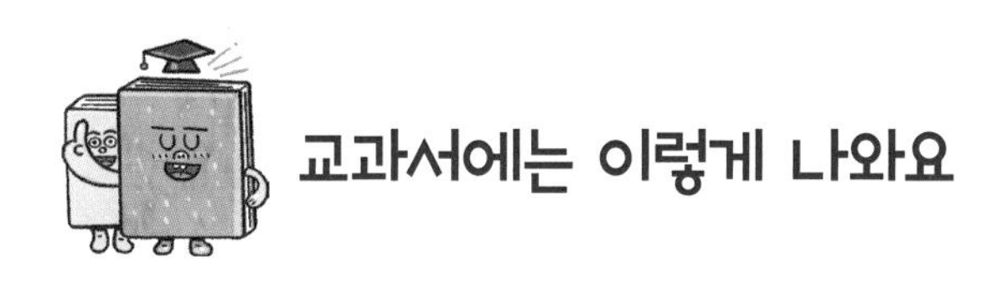

3학년 1학기

1. 다음 점을 이용하여 각ㄱㄴㄷ과 각ㄹㅁㅂ을 그려 보아요.

각을 그릴 때는 가운데 기호가 꼭짓점이 되도록 그립니다.

2. 다음 선을 이용하여 각ㄱㄴㄷ과 각ㄹㅁㅂ을 그려 보아요.

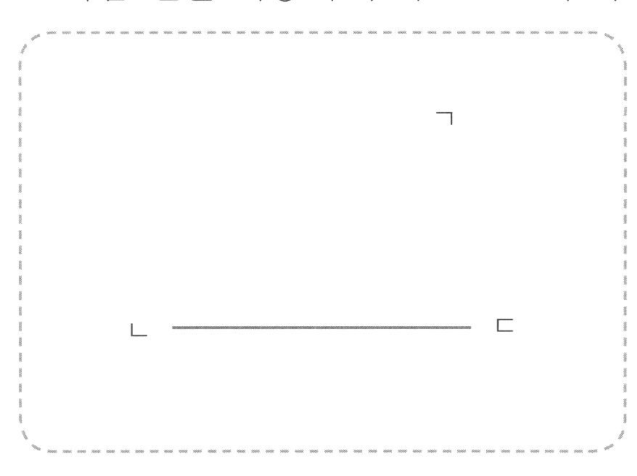

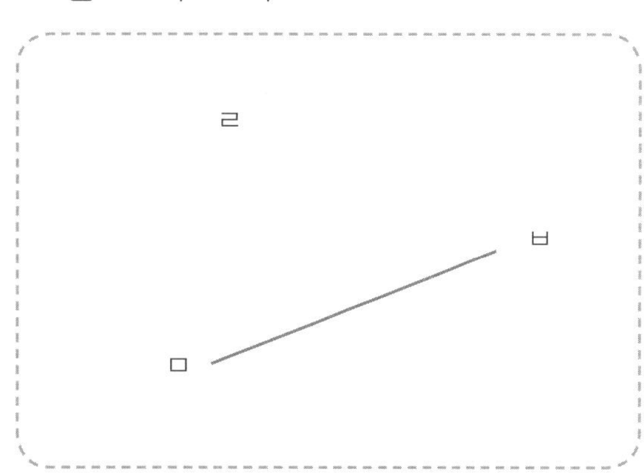

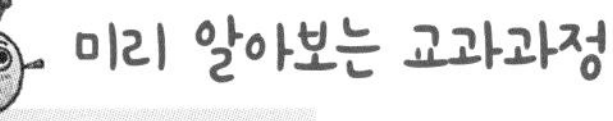

3학년 1학기	평면도형(각, 직각)
4학년 1학기	각도와 삼각형(각의 크기 비교하기, 각의 크기 재기, 각을 크기에 따라 분류하기, 각도의 합과 차 등)

2부

도형을 만나요

1 삼각형은 세모 모양의 도형입니다

개념 꼭꼭 일직선상에 없는 세 개의 점을 연결한 선분으로 이루어진 평면도형입니다.

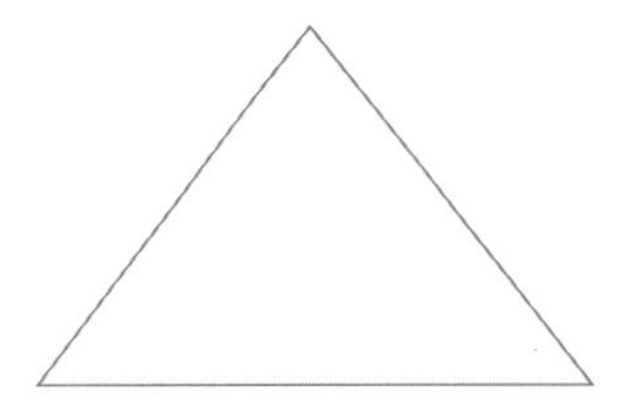

삼각형은 다음과 같은 특징을 가지고 있습니다.

1. 3개의 변과 3개의 꼭짓점이 있어요.

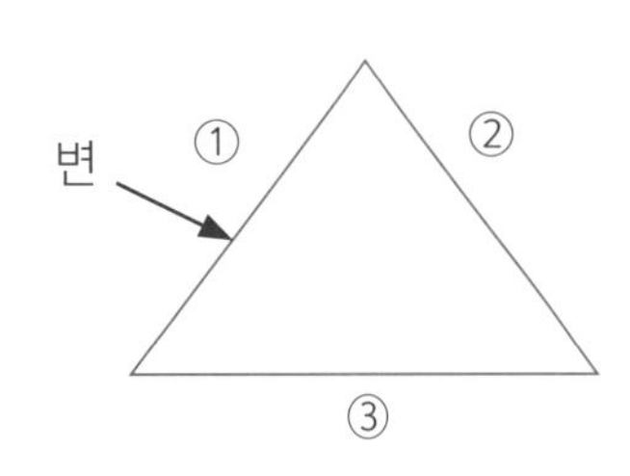

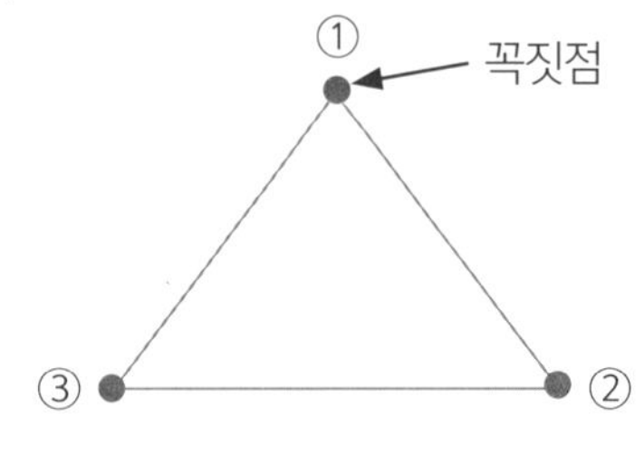

2. 곧은 선으로 둘러싸여 있어요.

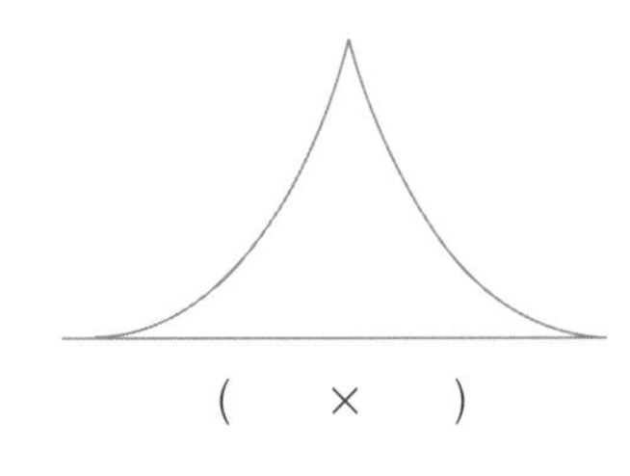

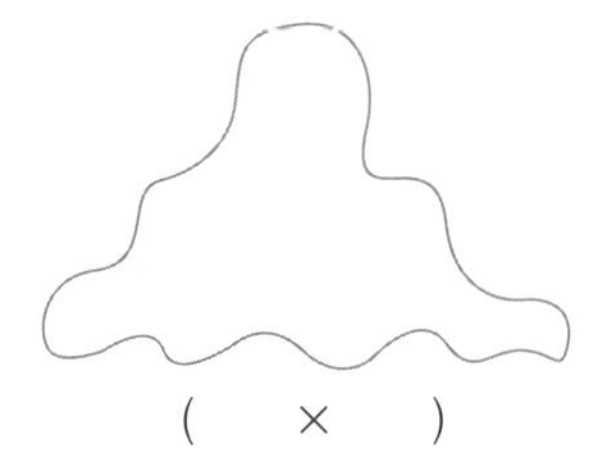

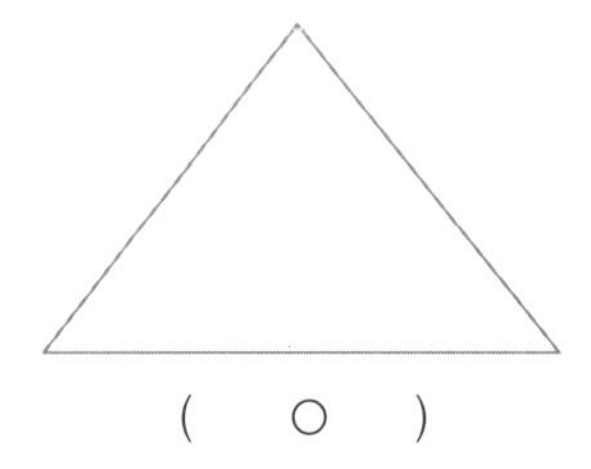

3. 곧은 선들이 서로 만나요.

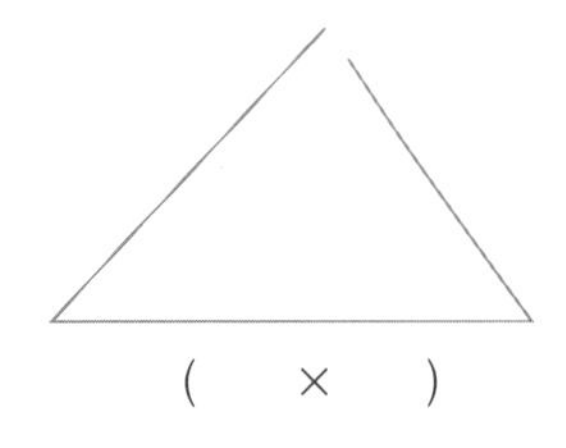

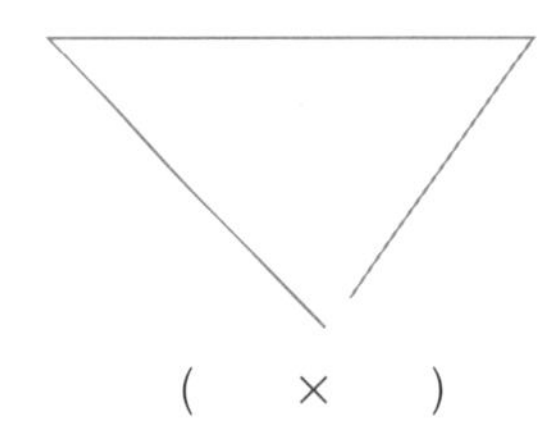

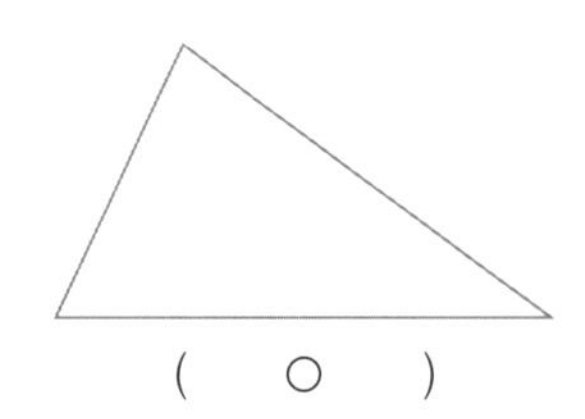

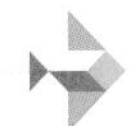

삼각형을 찾아보아요

삼각형이 들어 있는 것을 찾아 ○표 하세요.

아이와 함께 생활 속에서 볼 수 있는 삼각형 모양을 찾아보아요.

삼각형을 찾아보아요

마을에 여러 모양의 건물이 있어요. 삼각형이 있는 건물을 찾아 ○표 하세요.

점종이 위에 삼각형을 그려 보아요

3개의 점을 정한 후 곧은 선으로 이으면 삼각형이 만들어집니다. 하지만 나란히 놓인 점 3개를 이으면 삼각형이 만들어지지 않아요.

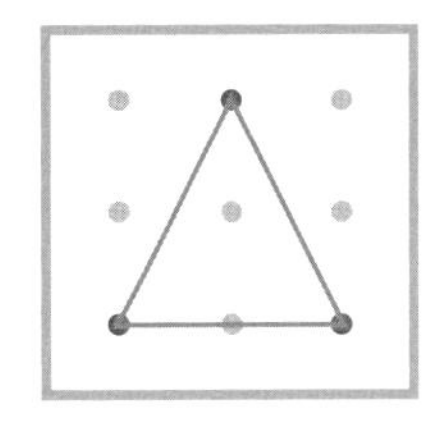

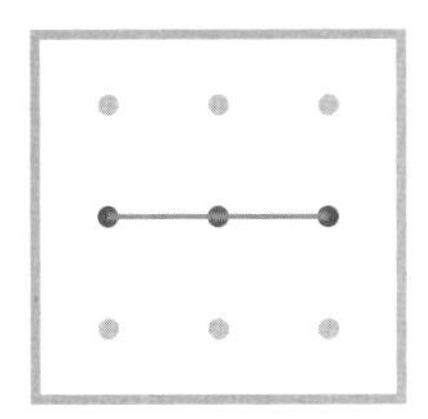

왼쪽에 표시된 삼각형 모양대로 점 3개를 이어 보아요.

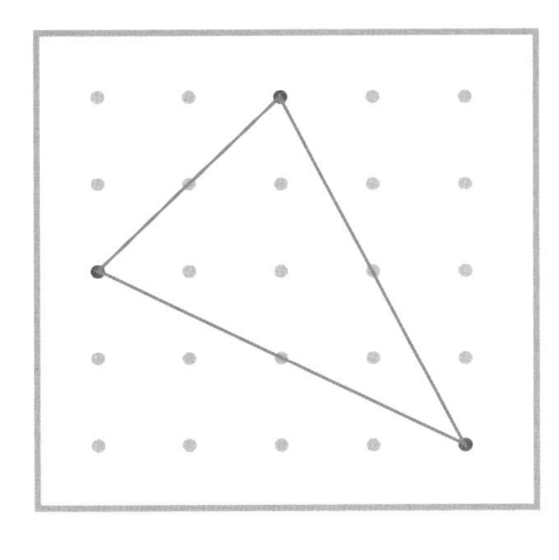

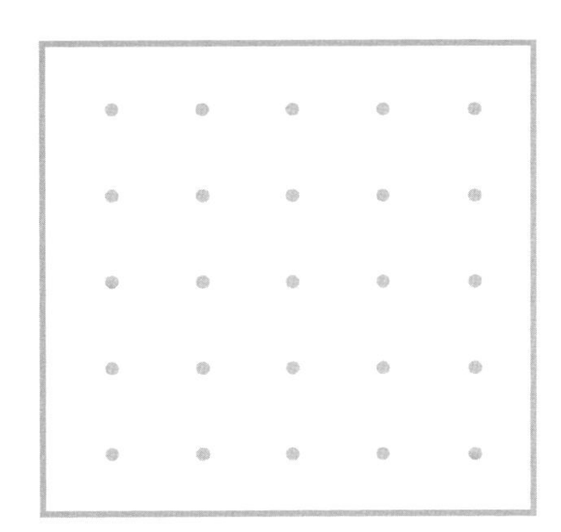

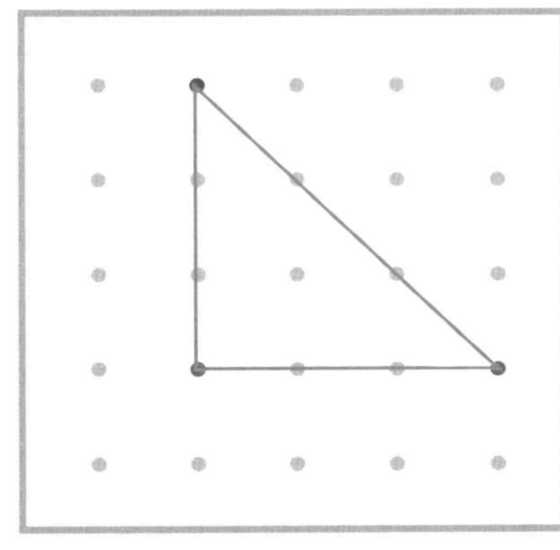

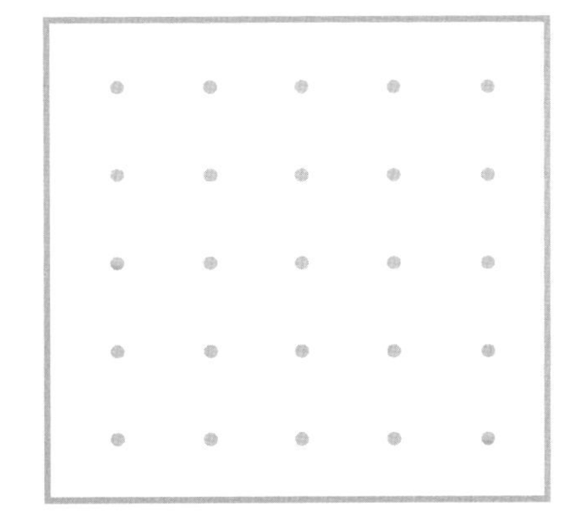

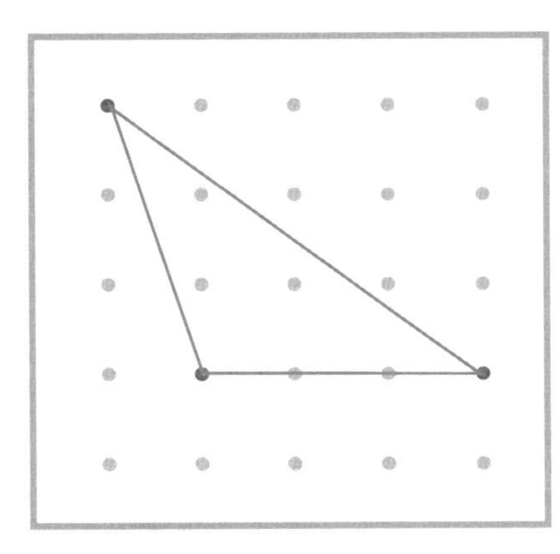

이등변삼각형, 정삼각형을 알아보아요

삼각형은 변의 길이에 따라 이등변삼각형, 정삼각형으로 구분해요.

이등변삼각형 : 두 변의 길이가 같은 삼각형입니다.

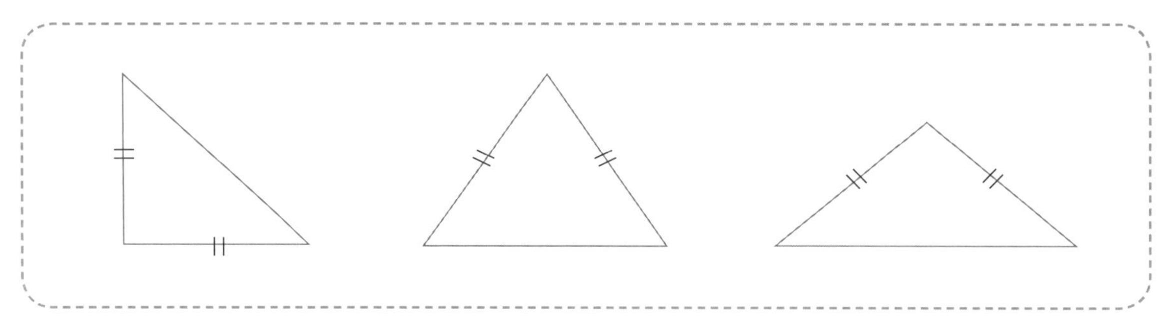

정삼각형 : 세 변의 길이와 세 각의 크기가 같은 삼각형입니다.

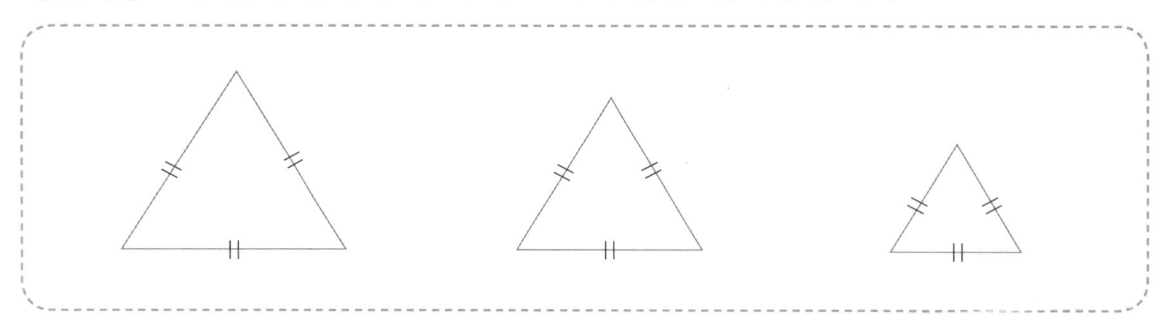

이등변삼각형은 정삼각형이라 할 수 없지만, 정삼각형은 이등변삼각형이기도 합니다. 세 변의 길이가 같으므로 두 변의 길이도 같기 때문입니다.

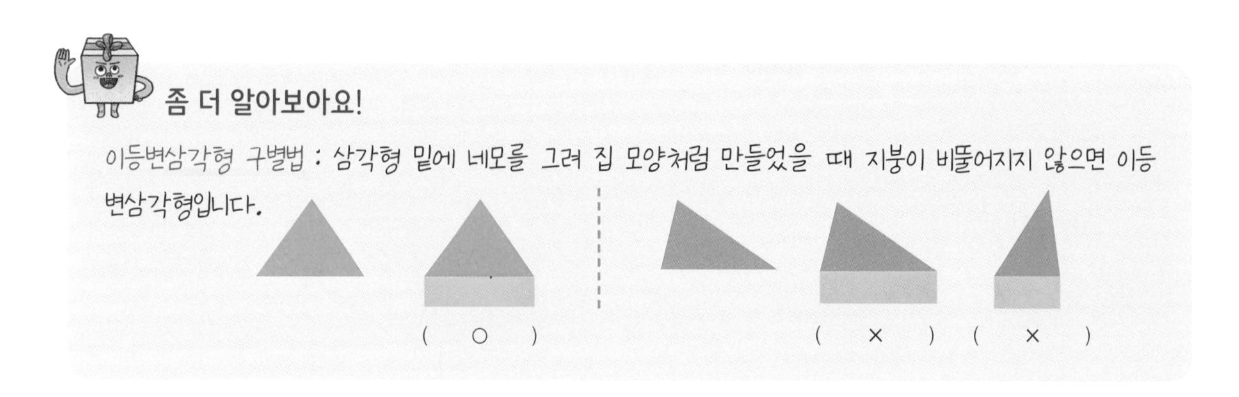

이등변삼각형, 정삼각형을 색칠해요

이등변삼각형 3개를 찾아 파란색으로 색칠해 보아요.

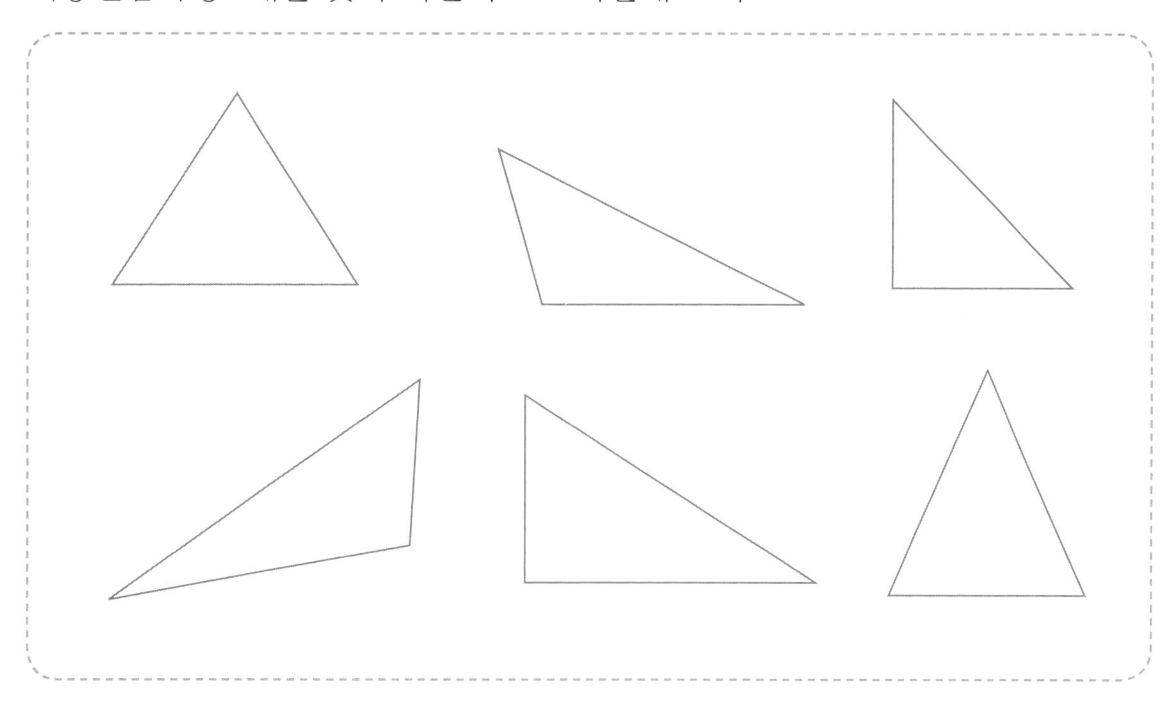

정삼각형 3개를 찾아 빨간색으로 색칠해 보아요.

삼각자의 비밀을 풀어 보아요

삼각자는 직각삼각형으로 된 자인데, 2개가 짝을 이루고 있어요. 하나는 정삼각형을 이등분한 것이고, 다른 하나는 정사각형을 이등분한 것입니다.
'평면도형에 대해 학습할 때', '각도 단원에서 측정을 학습할 때', '수직과 평행 단원에서 두 직선의 수직과 평행을 학습할 때' 꼭 필요한 교구입니다.

삼각자의 모양이 어떻게 만들어졌는지 알면 삼각자의 각의 크기를 쉽게 이해할 수 있어요. 두 삼각자를 이용하여 각의 합과 차를 구하는 문제가 초등 교과 과정에 나옵니다.

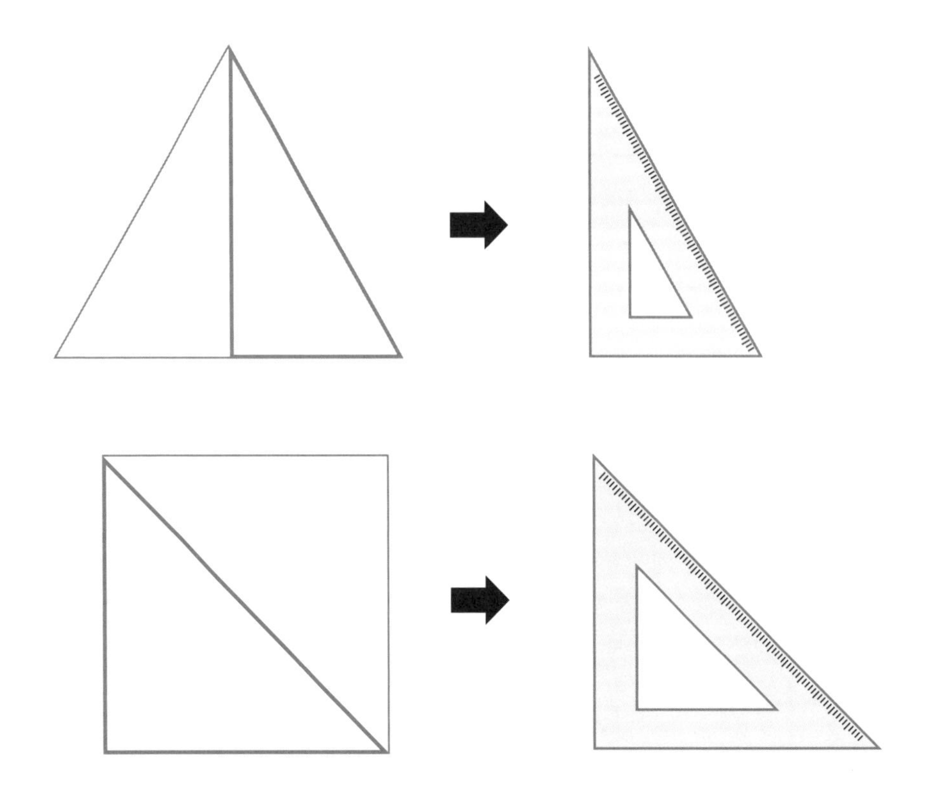

정사각형 색종이를 반을 접어 잘라 보세요. 정삼각형 삼각자가 만들어집니다.

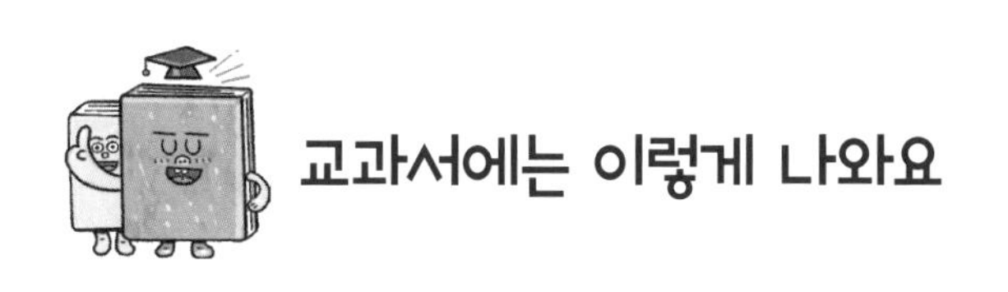

교과서에는 이렇게 나와요

1학년 2학기

다음 모양을 만드는 데 사용한 ●, ■, ▲은 각각 몇 개입니까?

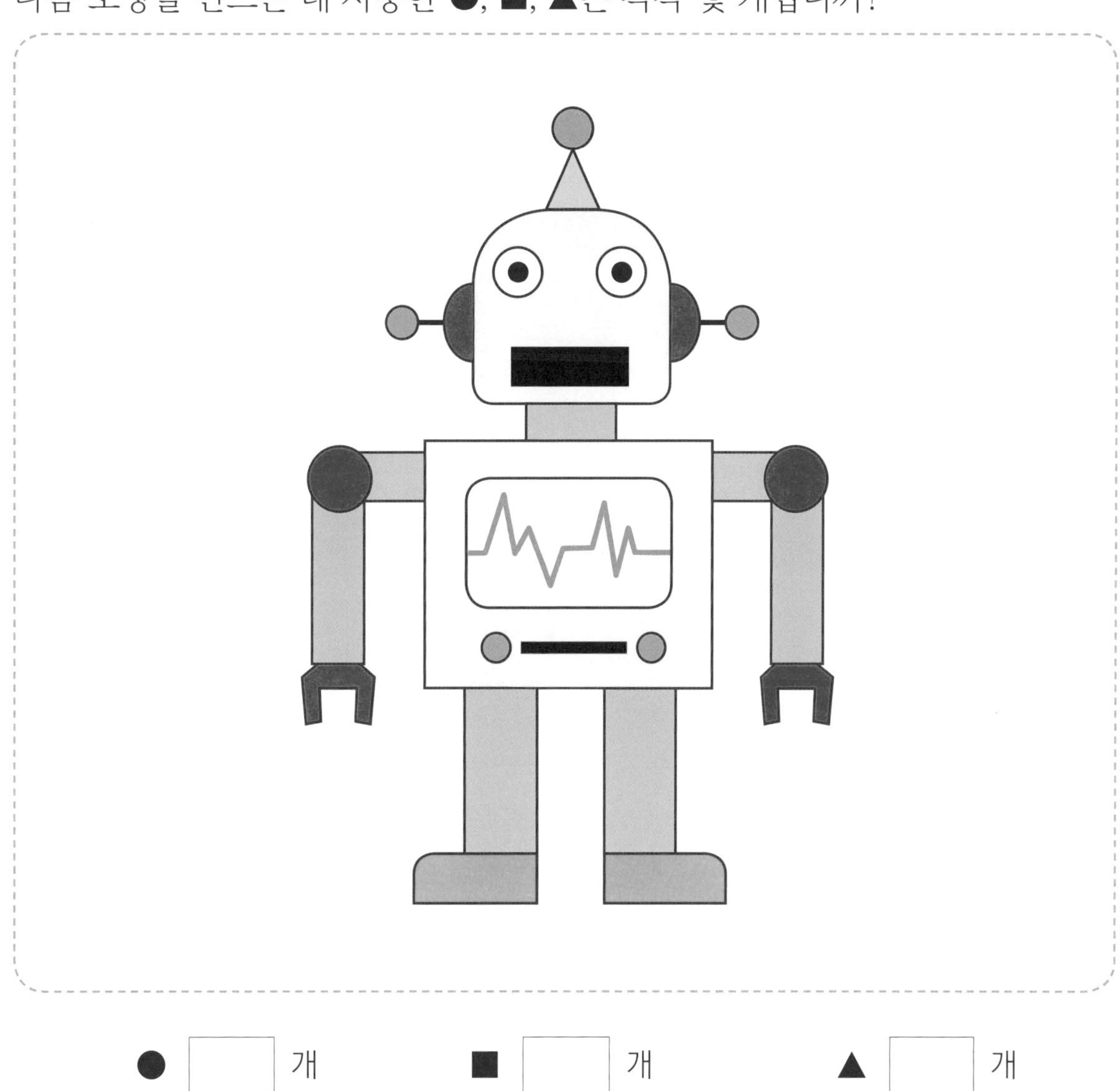

● ☐ 개　　■ ☐ 개　　▲ ☐ 개

미리 알아보는 교과과정

1학년 2학기	△ 모양
2학년 1학기	삼각형의 특징
3학년 1학기	직각삼각형
4학년 1학기	예각삼각형, 둔각삼각형, 정삼각형, 이등변삼각형

2 사각형은 네모 모양의 도형입니다

개념 꼭꼭 사각형은 네 점을 연결한 선분으로 이루어진 평면도형입니다.

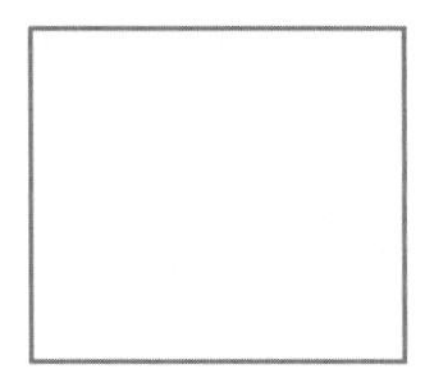

점종이 위에 4개의 점을 정한 후 곧은 선으로 이으면 사각형이 됩니다. 이때 4개의 점은 꼭짓점이 됩니다. 사각형은 다음과 같은 특징을 가지고 있습니다.

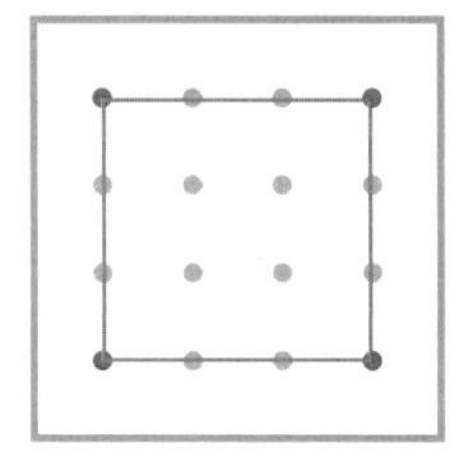

1. 4개의 변과 4개의 꼭짓점이 있어요.

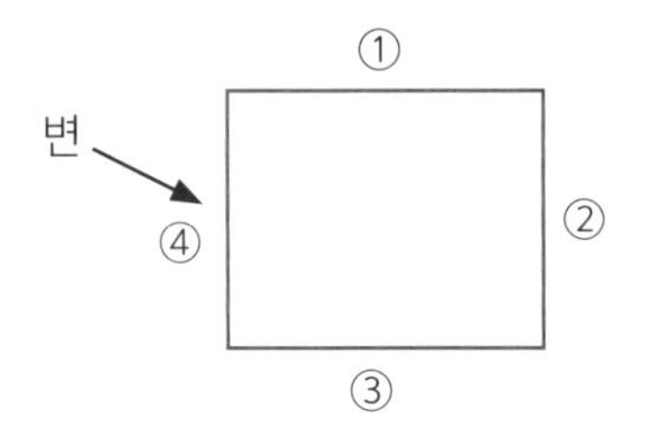

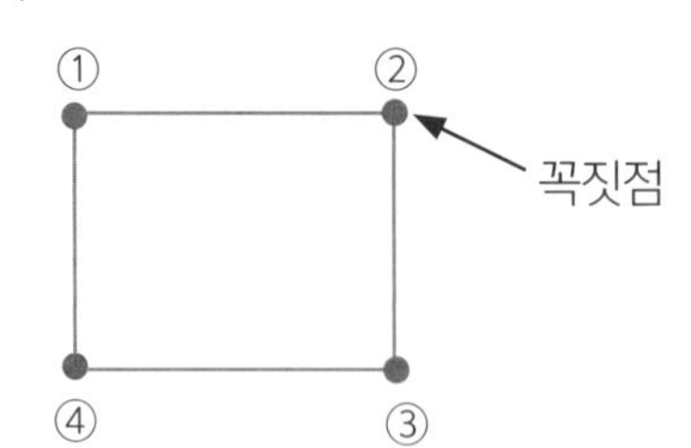

2. 곧은 선으로 둘러싸여 있어요.

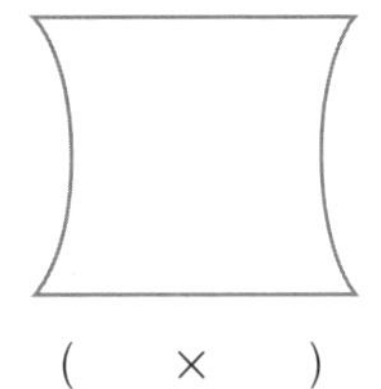

(×)

(×)

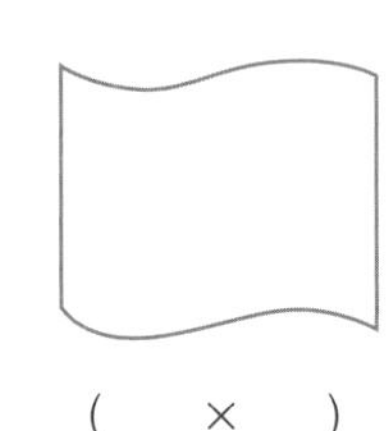

(×)

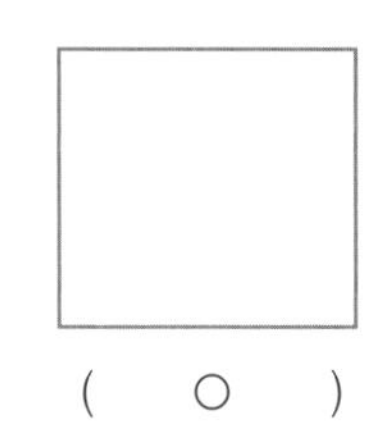

(○)

3. 곧은 선들이 서로 만나요.

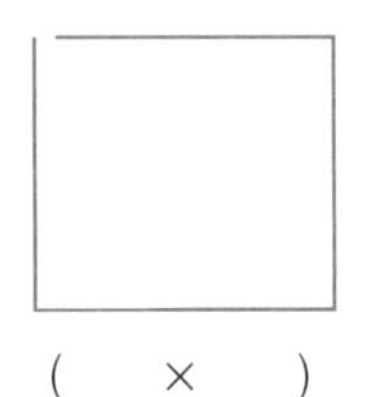

(×)

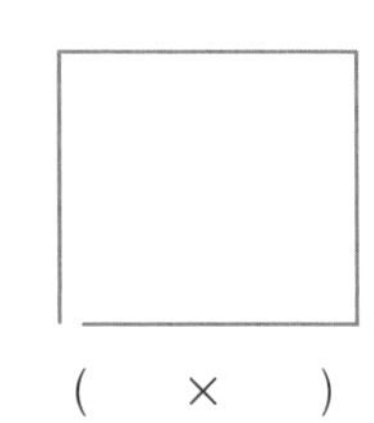

(×)

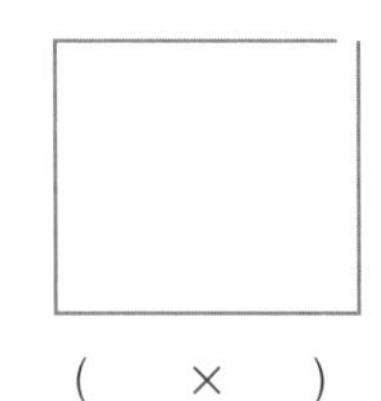

(×)

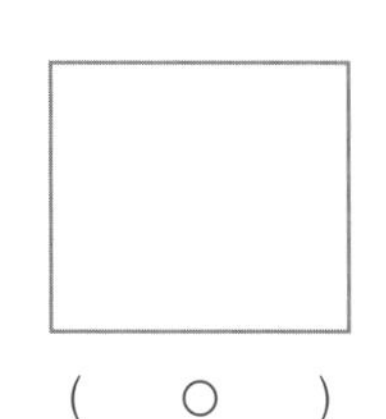

(○)

사각형을 찾아보아요

다음 중 사각형이 들어 있는 것을 찾아 ○표 하세요.

점종이 위에 사각형을 그려요

4개의 점을 정한 후 곧은 선으로 이으면 사각형이 만들어집니다. 단, 점 3개가 한 줄에 놓이면 사각형을 그릴 수 없어요.

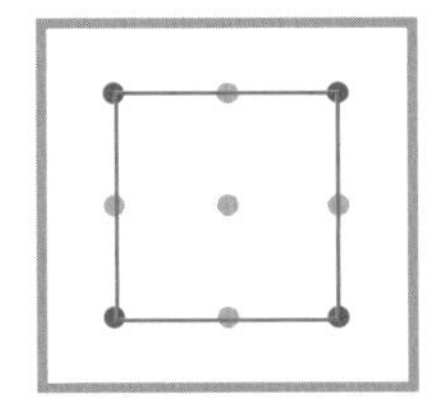
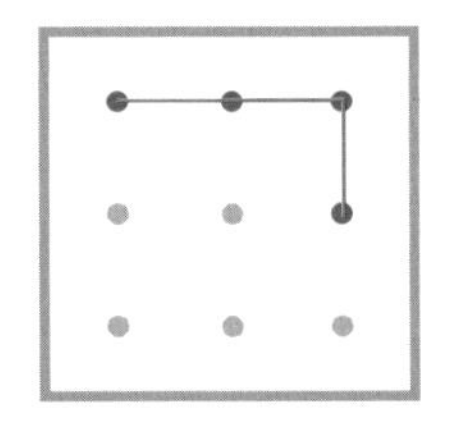

왼쪽에서 제시한 모양대로 점 4개를 이어 사각형을 만들어 보아요.

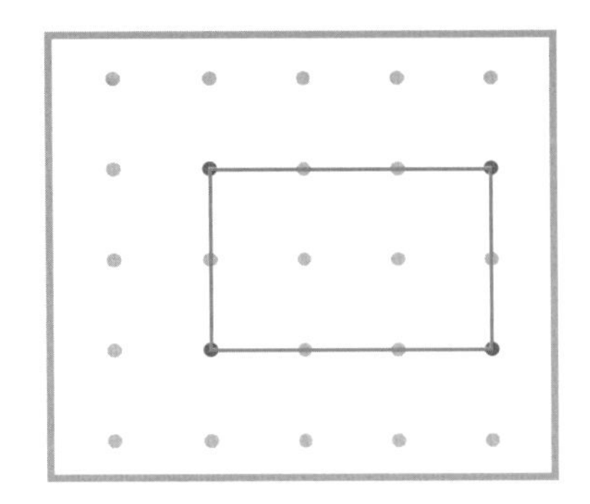
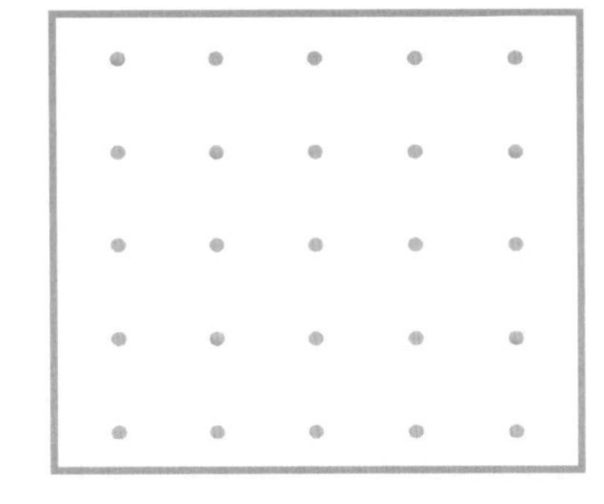
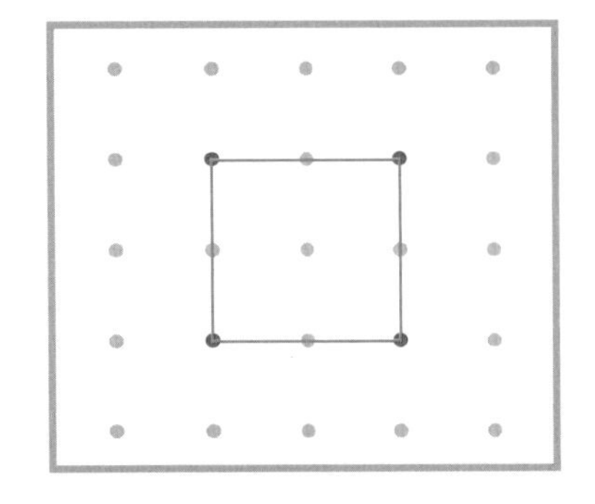
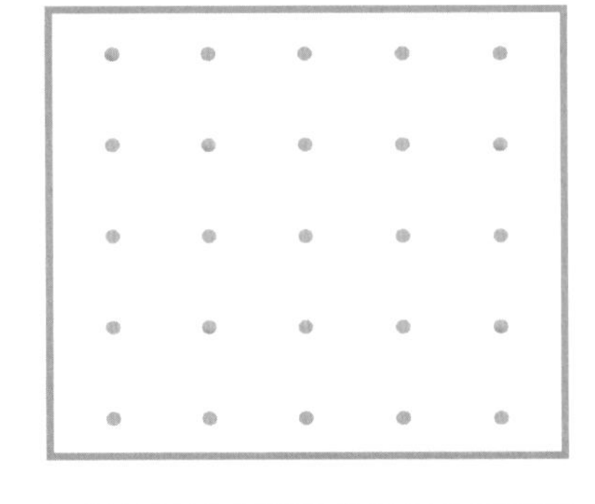
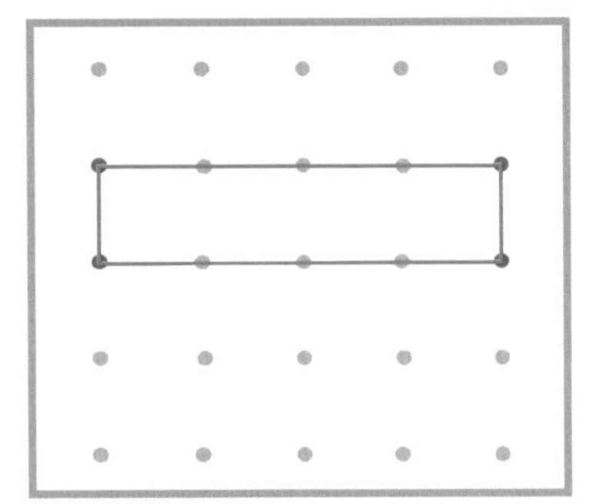
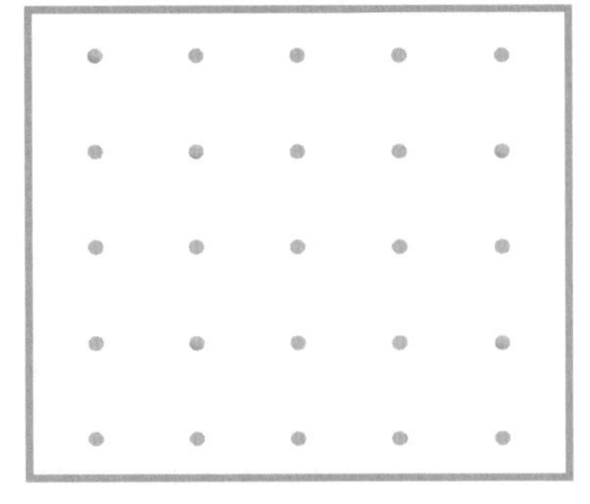

좀 더 알아보아요!

오목사각형 : 오른쪽 도형처럼 가운데가 들어간 사각형을 '오목사각형'이라고 합니다.
초등학교 과정에서는 오목사각형은 사각형으로 분류하지 않습니다.

사각형을 색칠해요

사각형 4개를 찾아 초록색으로 칠해 보아요.

두 직선이 수직으로 만나요

두 직선이 만나서 이루는 각이 '직각'일 때 두 직선을 서로 '수직'이라고 합니다. 한 직선은 위에서 곧게 내려오고 다른 한 직선은 옆으로 곧게 지나갈 때 두 직선은 네모 반듯하게 만납니다.

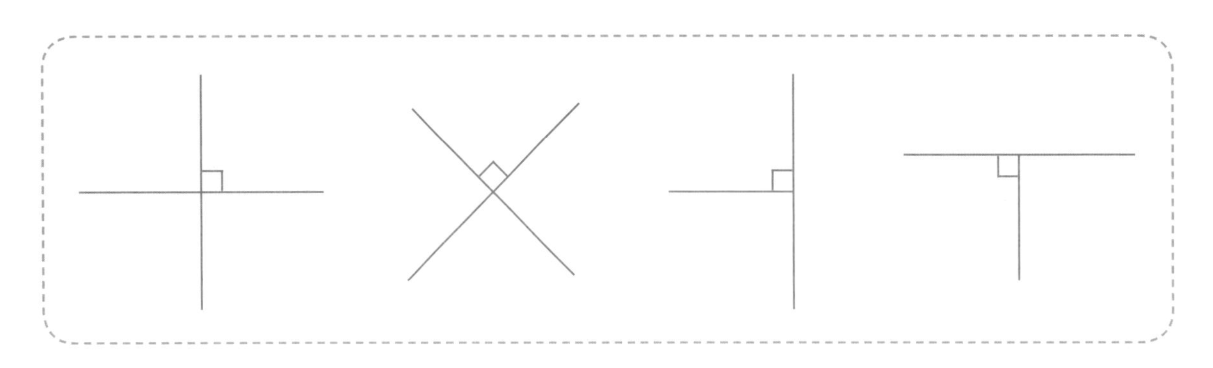

다음에서 수직으로 된 부분이 있는 것을 찾아 ○표 하세요.

수직 개념은 선과 선의 위치 관계를 설명하는 것으로, 사각형의 종류를 구분하는 데 도움이 됩니다.

평행한 두 직선은 만날 수 없어요

같은 면 위에서 서로 만나지 않는 두 직선을 '평행'하다고 합니다.

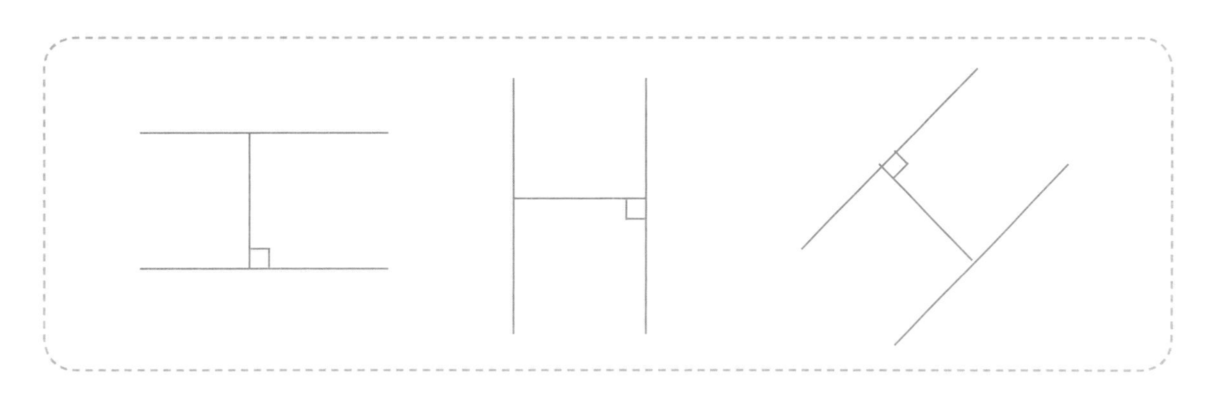

다음에서 평행한 부분이 있는 것을 찾아 ○표 하세요.

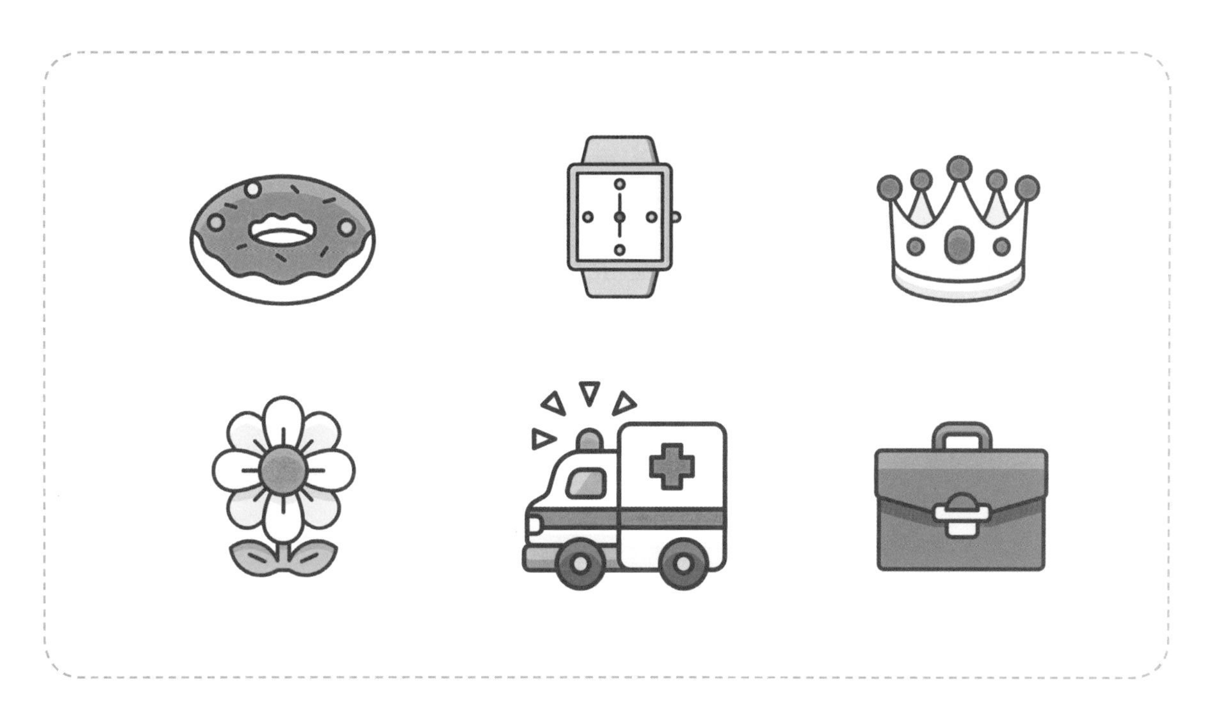

평행을 설명할 때 '두 직선이 젓가락처럼 나란히 놓여 있다'라고 설명하면 아이들이 쉽게 이해할 수 있습니다. 이때 젓가락이 사다리 모양처럼 비스듬하게 놓인 경우는 평행이 아닙니다.

직사각형을 알아보아요

직사각형 : 네 각이 모두 직각인 사각형입니다.

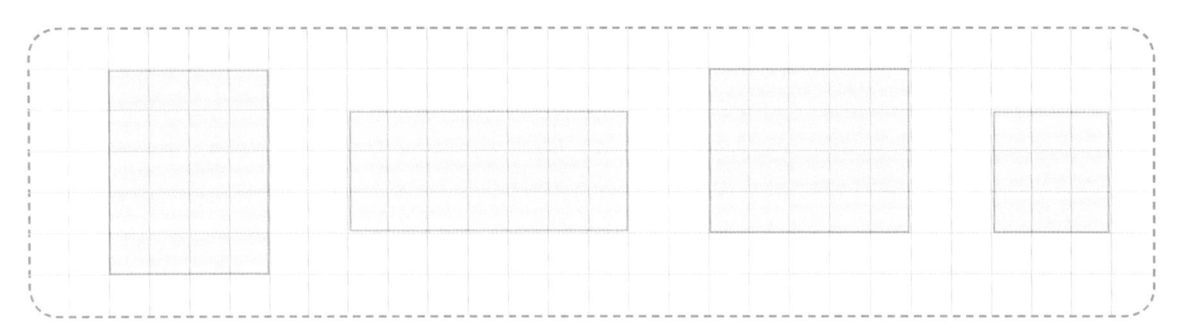

직사각형은 다음과 같은 특징을 가지고 있습니다.

① 마주 보는 두 쌍의 변이 서로 평행합니다.

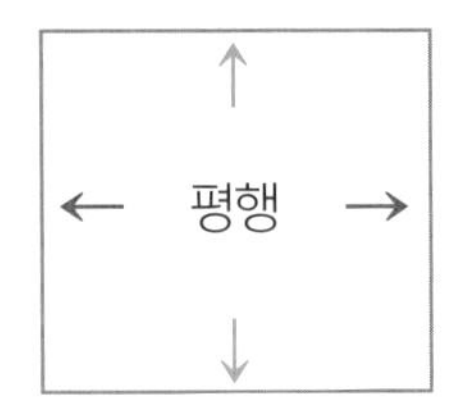

② 마주 보는 두 변의 길이가 같습니다.

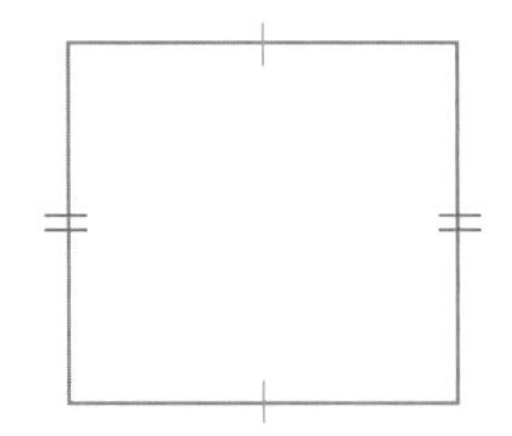

③ 마주 보는 두 각의 크기가 같습니다.

모양과 크기가 다른 직사각형 4개를 그려 보세요.

직사각형은 사다리꼴이기도 하고, 평행사변형이기도 합니다.

정사각형을 알아보아요

정사각형 : 네 각이 모두 직각이고 네 변의 길이가 모두 같은 사각형입니다.

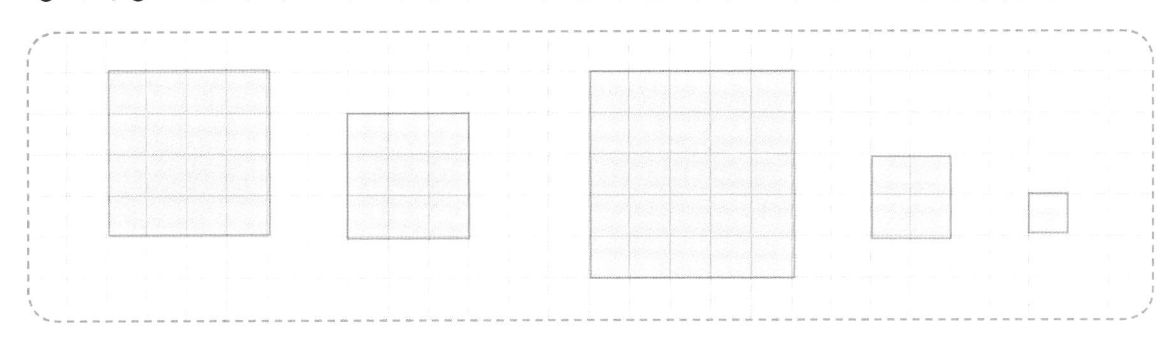

정사각형은 다음과 같은 특징을 가지고 있습니다. '색종이 모양'처럼 생겼어요.

① 마주 보는 두 쌍의 변이 서로 평행합니다.

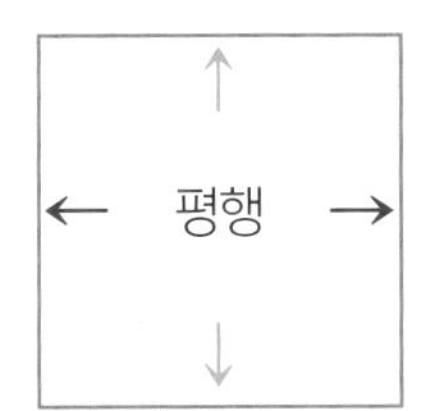

② 마주 보는 두 각의 크기가 같습니다.

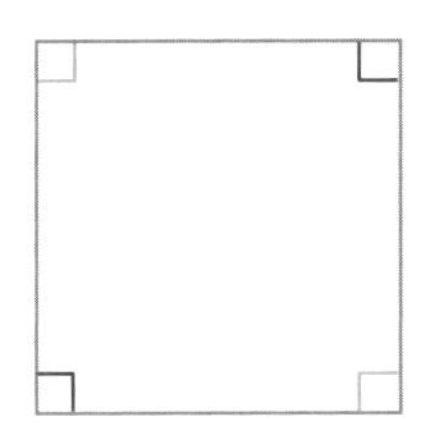

③ 대각선의 길이가 서로 같습니다.

정사각형 4개를 찾아 빨간색으로 색칠해 보세요.

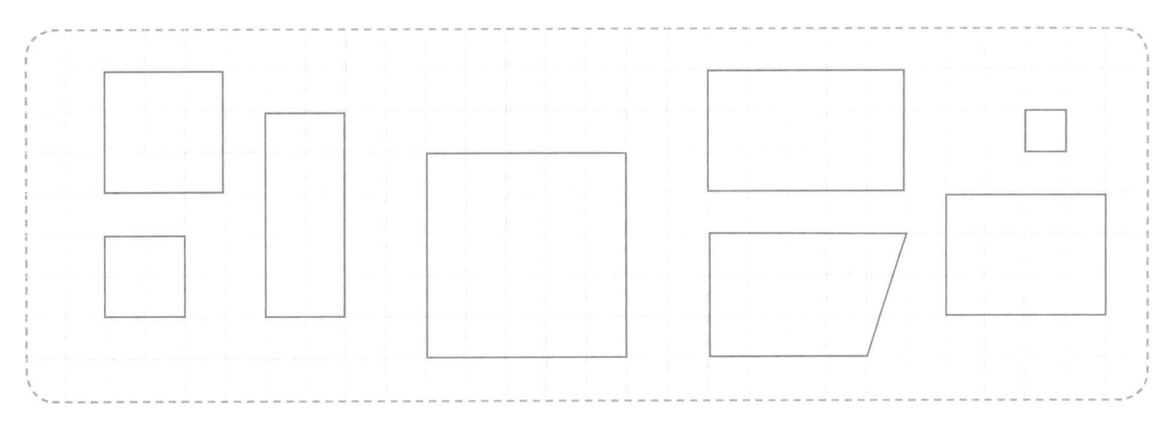

A4 용지를 이용해 정사각형을 만들어 보세요.

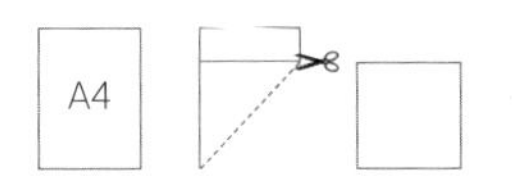

사다리꼴과 평행사변형을 알아보아요

사다리꼴 : 마주 보는 한 쌍의 변이 평행한 사각형입니다. 사다리꼴의 평행한 두 변을 놓이는 위치에 따라 '윗변', '아랫변'이라 부릅니다.

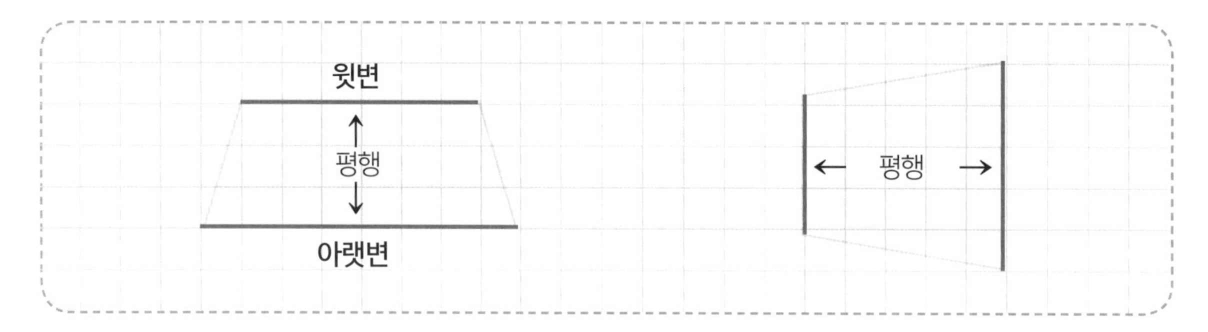

평행사변형 : 마주 보는 두 쌍의 변이 서로 평행한 사각형입니다. 평행사변형은 사다리꼴이기도 합니다.

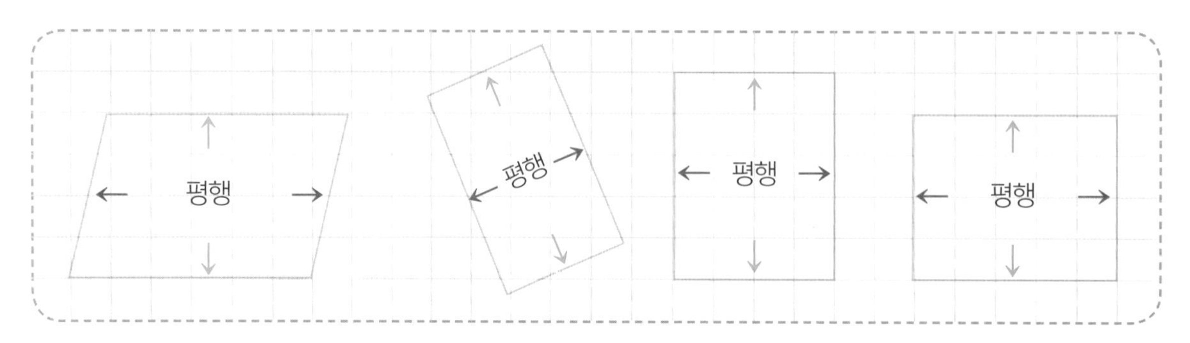

마름모 : 네 변의 길이가 모두 같은 사각형입니다. 마름모는 '다이아몬드 모양'처럼 생겼어요.

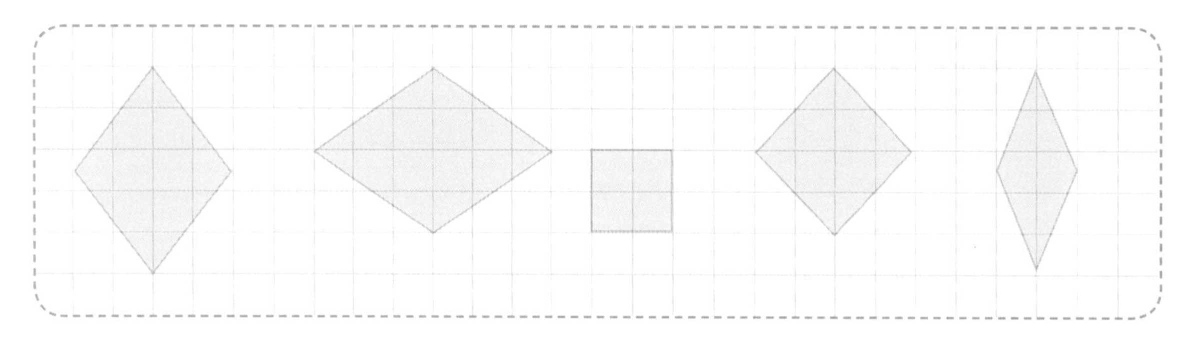

교과서에는 이렇게 나와요

3학년 1학기

다음 도형에서 찾을 수 있는 '크고 작은' 사각형은 '모두' 몇 개입니까?

이 문제를 풀 때 작은 사각형 4개만 찾는 아이들이 많습니다. '크고 작은'이라는 조건이 있기 때문에 다음과 같이 네 가지 모양으로 나누어 각각의 개수를 센 다음 모두 합해야 합니다.

①

② 

③

④

① □개 ② □개 ③ □개 ④ □개 전체 □개

미리 알아보는 교과과정

1학년 2학기	□ 모양
2학년 1학기	사각형
3학년 1학기	직각사각형, 정사각형
4학년 2학기	수직과 평행 / 사각형의 종류 - 사다리꼴, 평행사변형, 마름모, 직사각형, 정사각형

3 3개 이상의 선분이 만나 다각형이 돼요

개념 콕콕 다각형은 3개 이상의 선분으로 둘러싸인 도형을 말합니다.

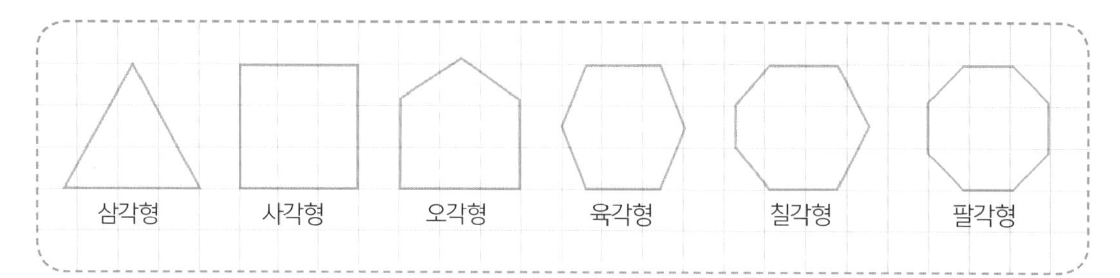

다각형은 다음과 같은 특징을 가지고 있습니다.

1. 변의 수에 따라 이름이 정해져요.

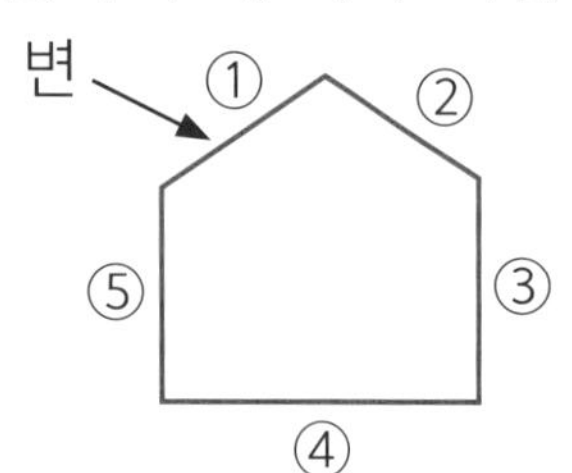

변이 5개인 도형은 오각형(5각형)이에요.

2. 굽은 선이 있으면 다각형이 아니에요. 원은 다각형이 아닙니다.

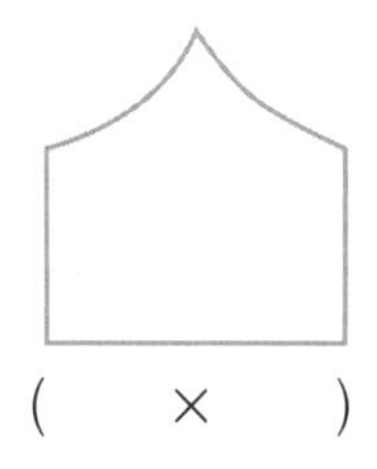

(×)

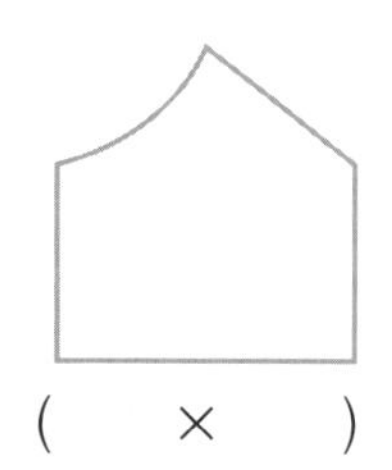

(×)

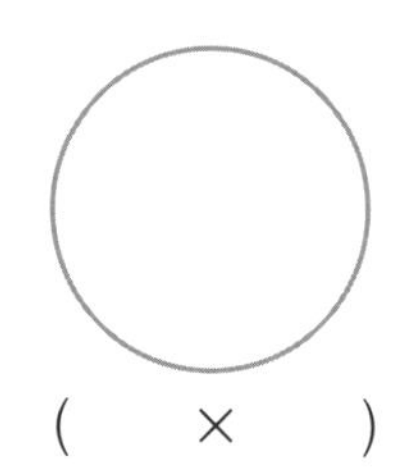

(×)

3. 곧은 선으로 둘러싸여 있어요. 선이 열려 있으면 안 돼요.

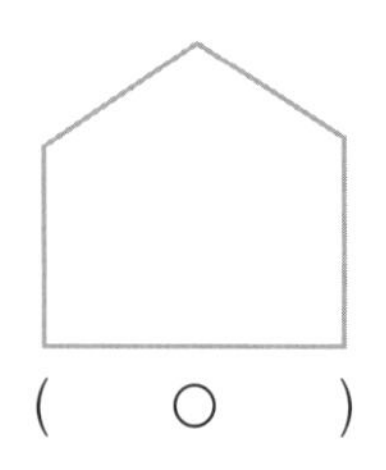

(○)

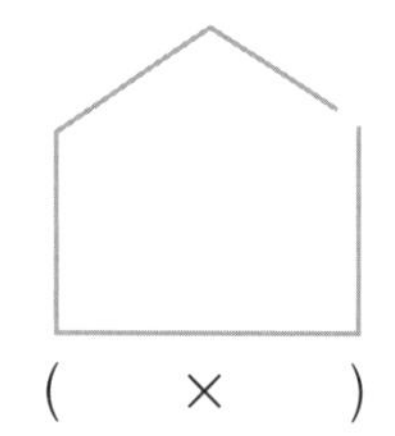

(×)

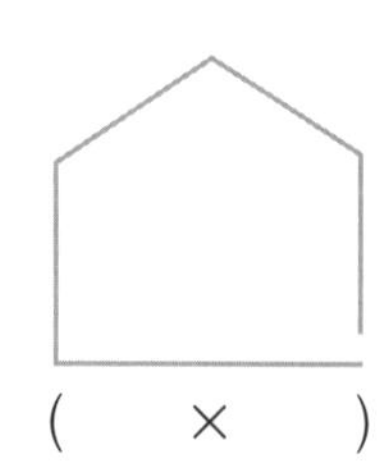

(×)

다각형을 칠해 보아요

여러 가지 모양의 다각형이 있어요. 삼각형은 빨간색, 사각형은 파란색, 오각형은 초록색, 육각형은 노란색으로 색칠하세요.

오각형과 육각형을 그려 보아요

점과 점을 연결해 여러 가지 모양의 오각형과 육각형을 완성해 보아요.

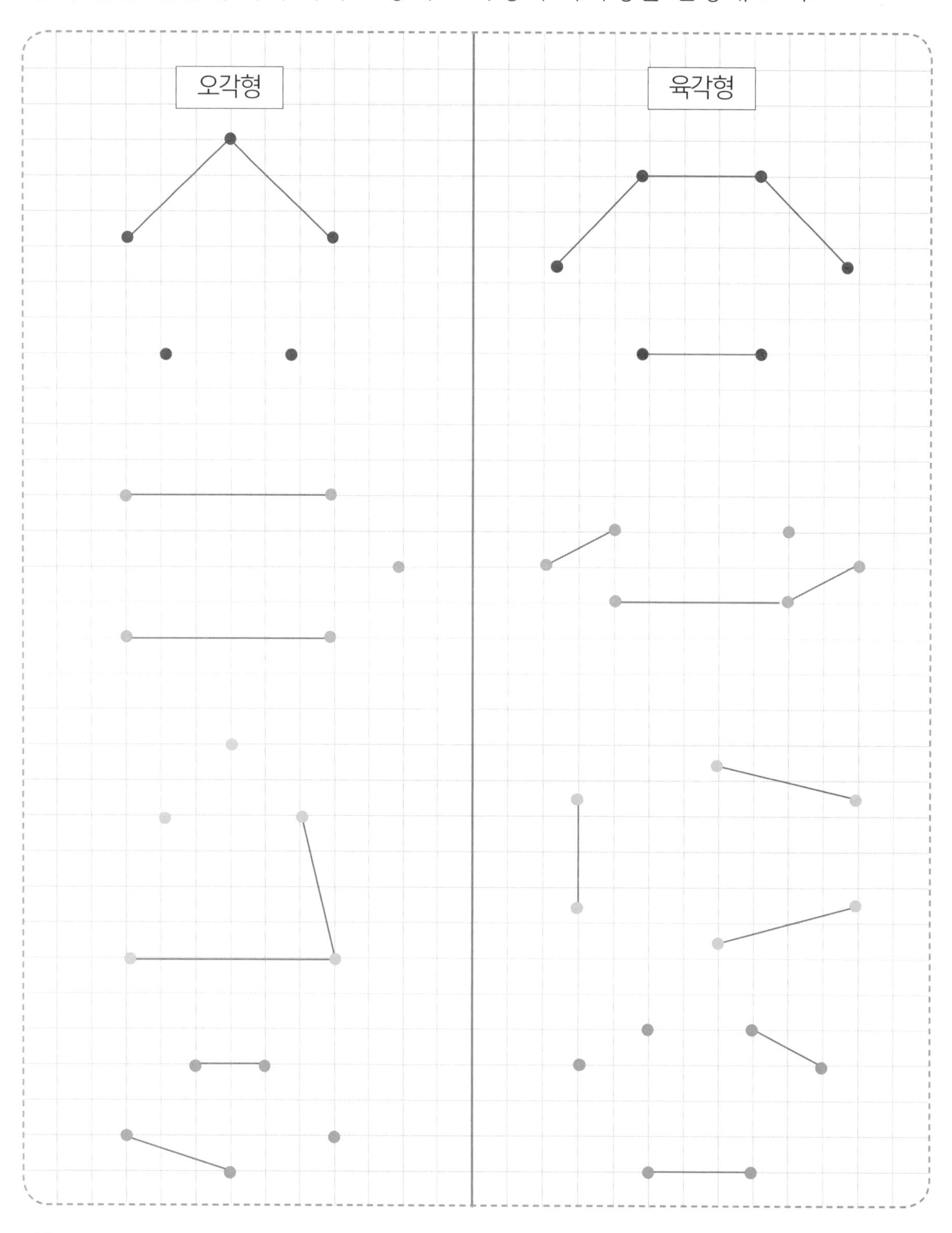

칠각형, 팔각형을 그려 보아요

칠각형, 팔각형, 구각형 등 각이 많은 다각형을 그리는 아주 간단한 방법이 있어요. 동그라미를 그린 다음 선 위에 그리고자 하는 다각형의 꼭짓점의 수만큼 점을 찍고 이으면 쉽게 완성됩니다.

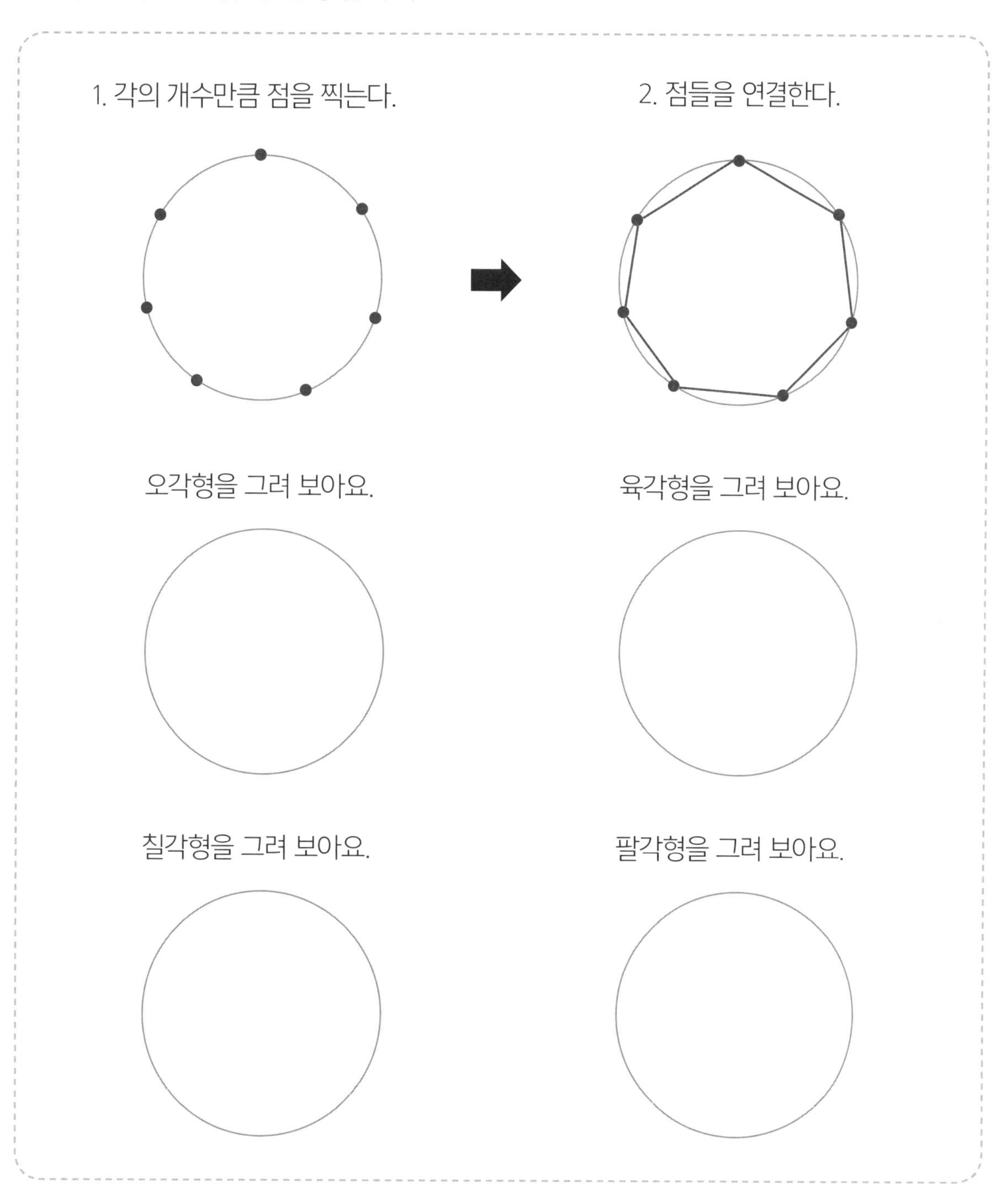

대각선을 세어 보아요

대각선은 다각형에서 이웃하지 않은 두 꼭짓점을 이은 선분입니다.

삼각형은 대각선이 없습니다. 그리고 원은 다각형이 아니기 때문에 대각선이 없습니다. 삼각형을 그려 보면 대각선이 없는 이유가 무엇인지 금세 알 수 있어요.

대각선을 따라 그려 본 뒤 대각선이 모두 몇 개인지 세어 보아요.

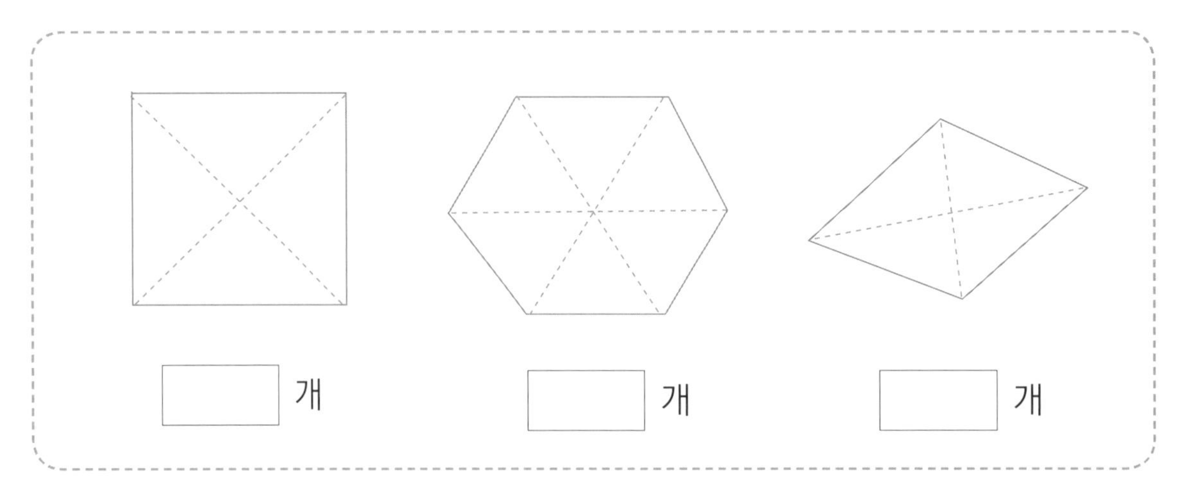

대각선을 그린 후 분할된 면을 색칠하는 활동은 도형에 대한 호기심과 흥미를 갖게 합니다.

교과서에는 이렇게 나와요

4학년 2학기

다음 다각형의 대각선 수를 구해 보아요

□ 개

□ 개

□ 개

□ 개

미리 알아보는 교과과정

2학년 1학기	여러 가지 모양
4학년 2학기	다각형

4 원은 어느 방향에서 봐도 모양이 같아요

개념 꼭꼭 평면 위의 한 점에서 일정한 거리에 있는 점들로 이루어진 곡선입니다.

원은 다음과 같은 특징을 가지고 있습니다.

1. 어느 방향에서 보아도 모양이 똑같아요.

2. 곧은 선이 없습니다.

(○) (×)

3. 크기는 다르지만 모양은 같아요.

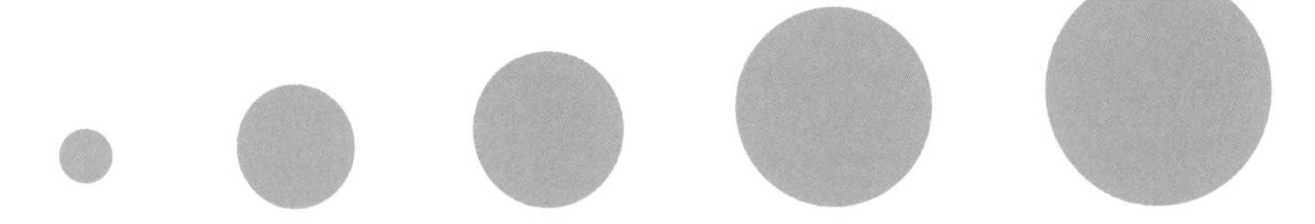

좀 더 알아보아요!

타원 : 타원은 둥글게 생겼지만 찌그러졌으므로 원이 아닙니다. 타원은 두 점에 이르는 거리의 합이 일정한 점들의 집합입니다. 두 점의 사이가 가까울수록 원의 모양과 비슷해집니다.

원을 찾아보아요

다음 중 원을 찾아 ○표 하세요.

중심, 반지름, 지름을 알아보아요

원의 구성요소로는 원의 중심, 반지름, 지름이 있어요.

원의 중심 : 원의 가장 안쪽에 있는 점을 말해요.
반지름 : 원의 중심과 원 위의 한 점을 이은 선분입니다.
지름 : 원의 중심을 지나도록 원 위의 두 점을 이은 선분입니다.

원의 중심

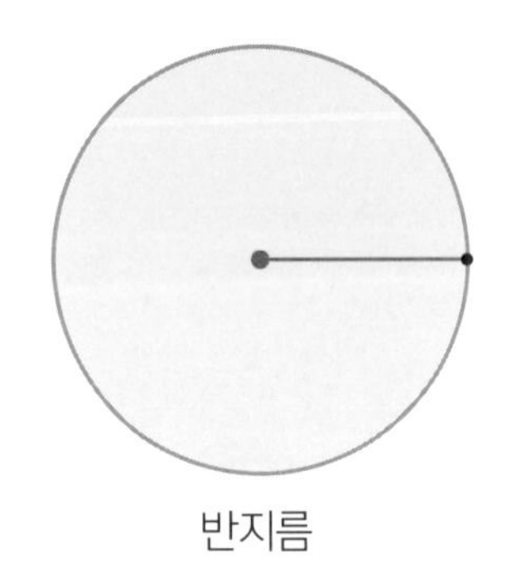
반지름

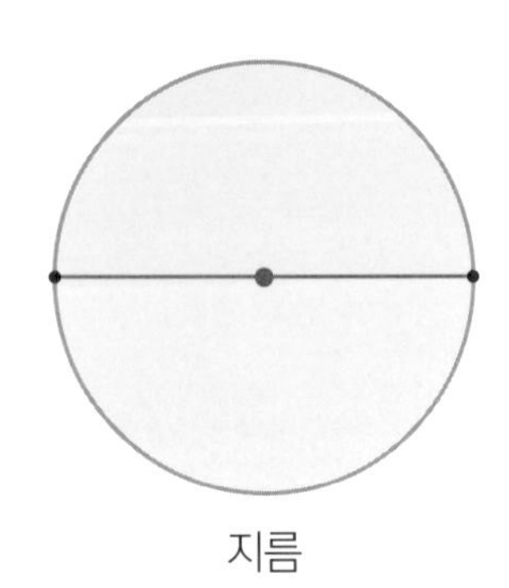
지름

원의 중심, 반지름, 지름을 찾아 ○표 하세요.

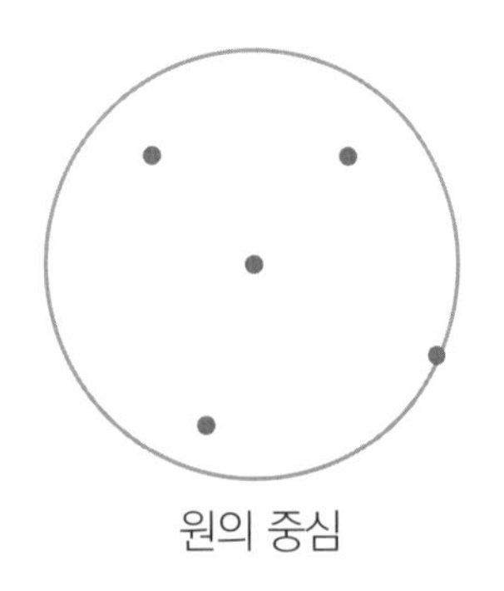
원의 중심

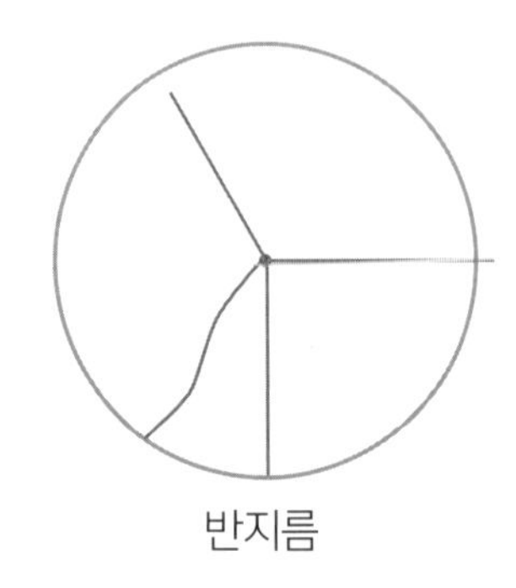
반지름

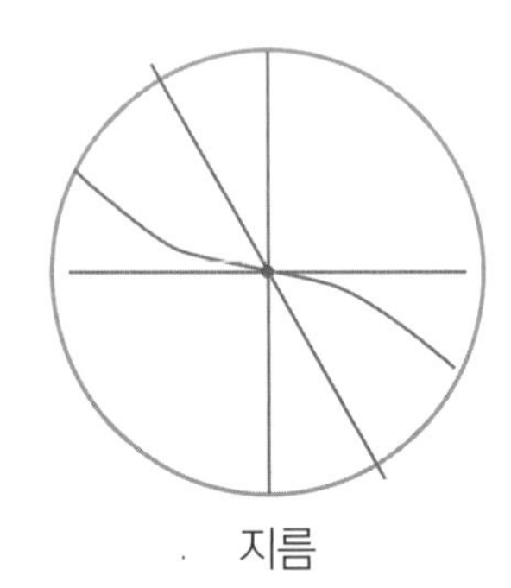
지름

원의 중심, 반지름, 지름을 표시해 보세요.

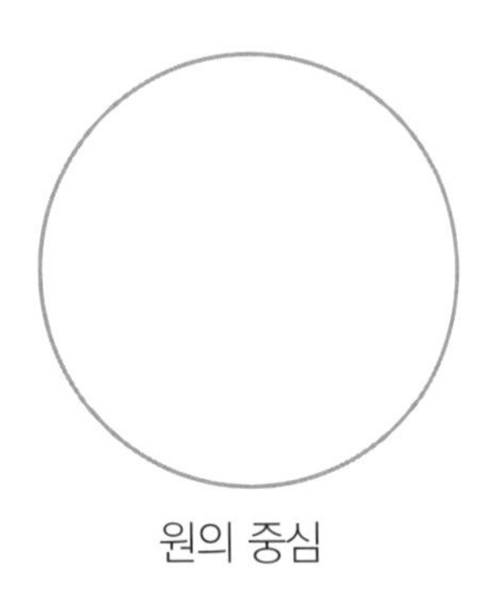
원의 중심

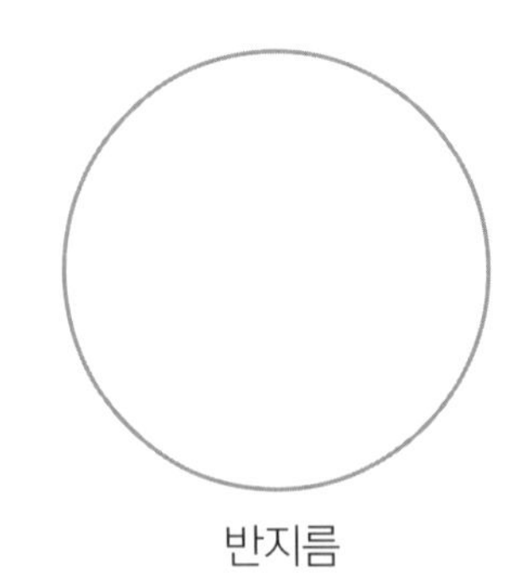
반지름

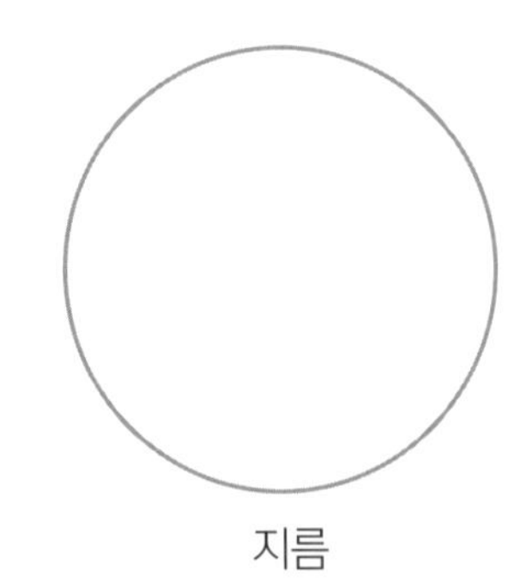
지름

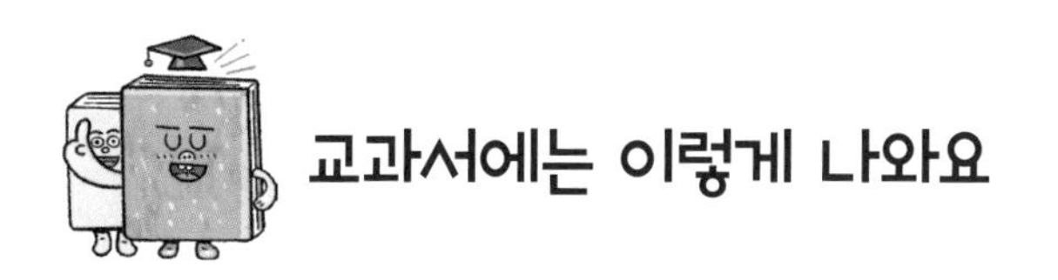

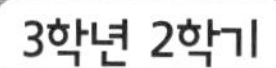

다음 중 원의 중심은 무엇일까요?

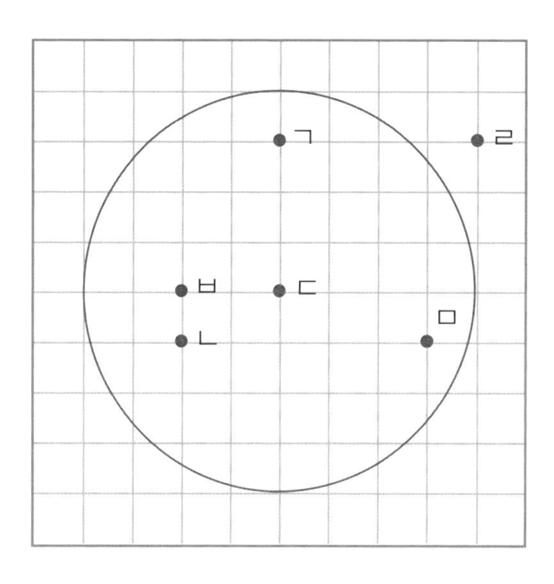

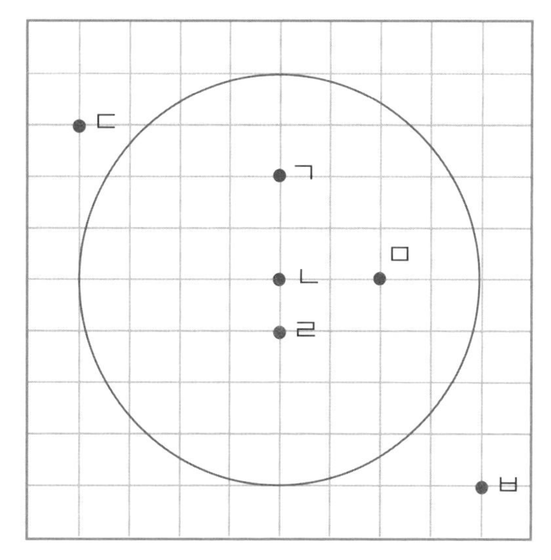

미리 알아보는 교과과정

1학년 2학기	○ 모양
2학년 1학기	원
3학년 2학기	원(중심, 지름, 반지름, 그리기)
6학년 1학기	원의 넓이(원주율, 지름, 원주, 넓이 구하기)

3부

도형으로 놀아요

1 약속(규칙)에 맞게 색칠해요

개념 꼭꼭 일정한 규칙이 반복되는 것을 '패턴'이라고 해요. 패턴은 끝까지 지켜야 하는 '약속'입니다.

첫 번째 그림에서는 동그라미와 세모가 반복해서 나오고, 두 번째 그림에서는 별과 동그라미가 반복해서 나옵니다.
이때 반복되는 부분을 '패턴의 마디'라고 해요. 패턴의 마디를 잘라 보면 그다음에 어떤 도형이 나올지 알 수 있습니다.

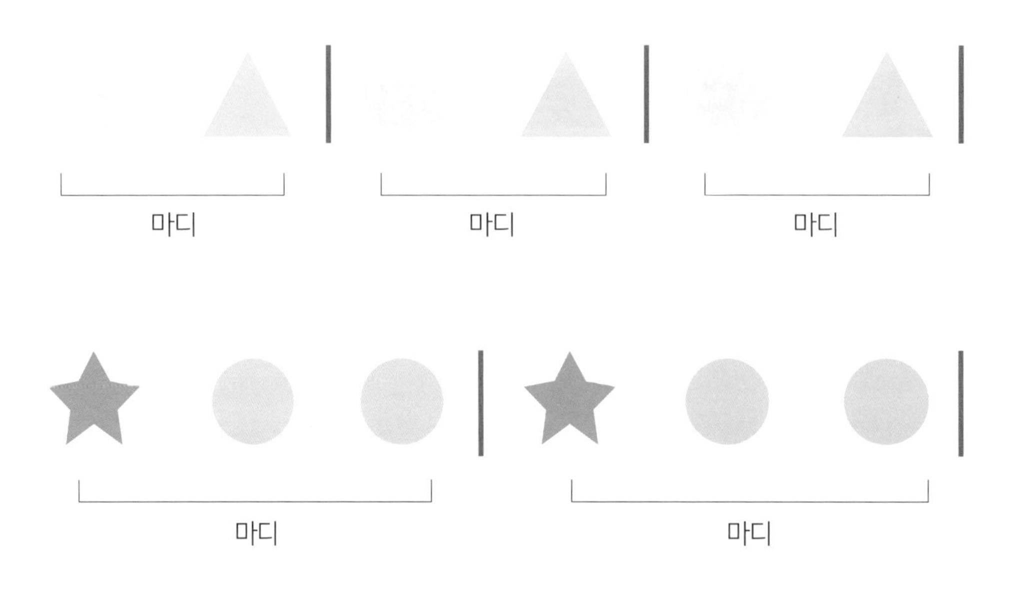

좀 더 알아보아요!

재미있는 패턴 놀이 : 패턴을 책에서만 접할 경우 긴 패턴을 보면 답을 찾기가 어렵습니다. 아이가 직접 패턴을 만들어 보는 활동을 하면 패턴 이해력이 향상됩니다. 패턴이 20번 정도 반복되는 허리띠나 왕관, 팔찌 등을 만들면 좋아요. 아이가 문제를 내고 엄마가 맞춰 보는 것도 재미있어요.

규칙을 찾아보아요

1. 색깔이 반복되는 부분에 선을 그어 보세요.

2. 모양이 반복되는 부분에 선을 그어 보세요.

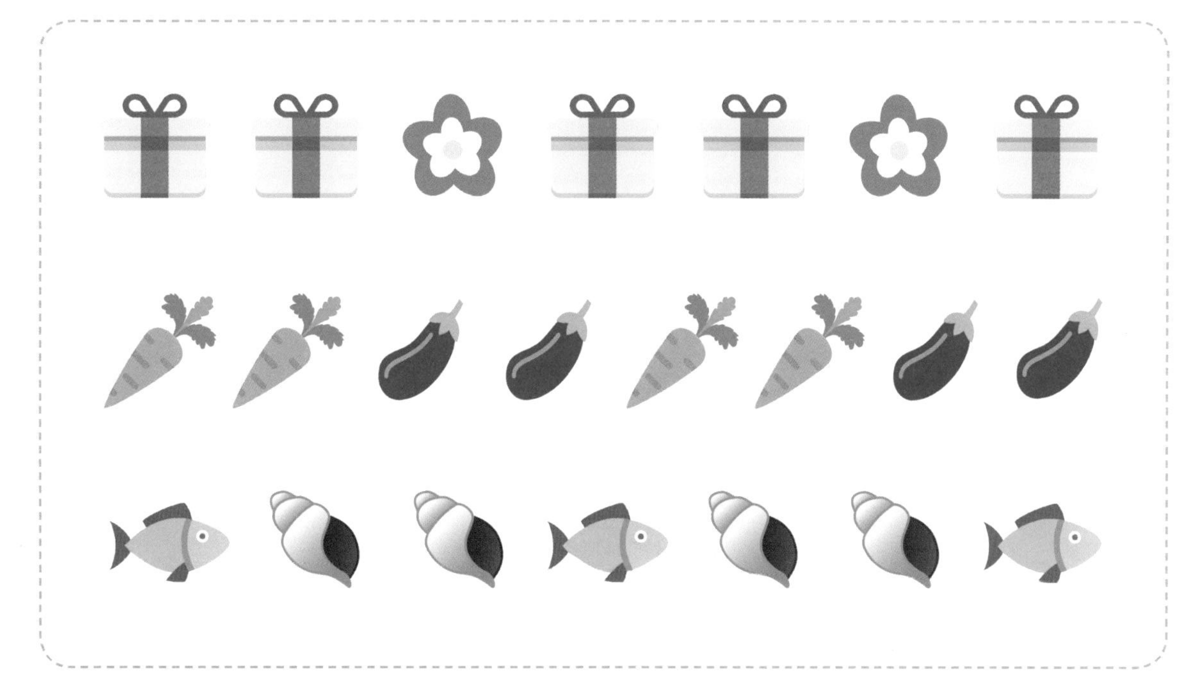

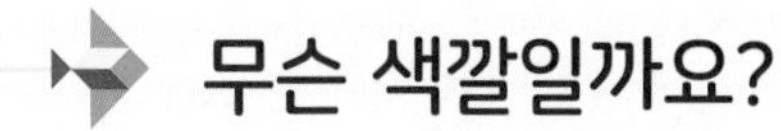

무슨 색깔일까요?

비어 있는 도형에 알맞은 색을 칠하세요.

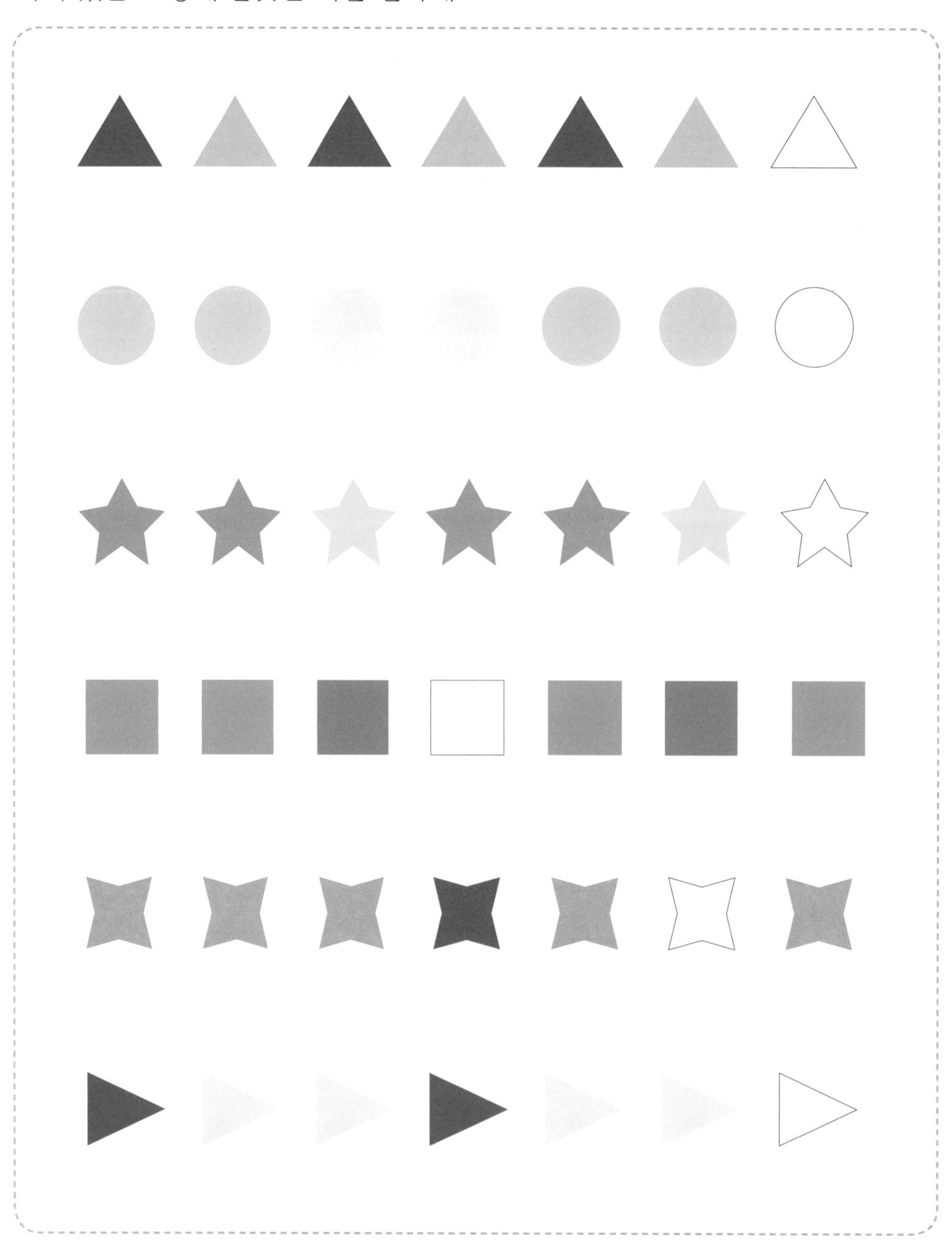

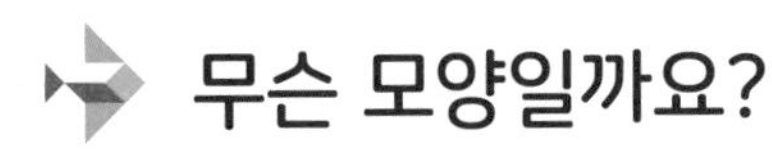

무슨 모양일까요?

□ 안에 들어갈 모양을 그린 다음 예쁘게 색칠하세요.

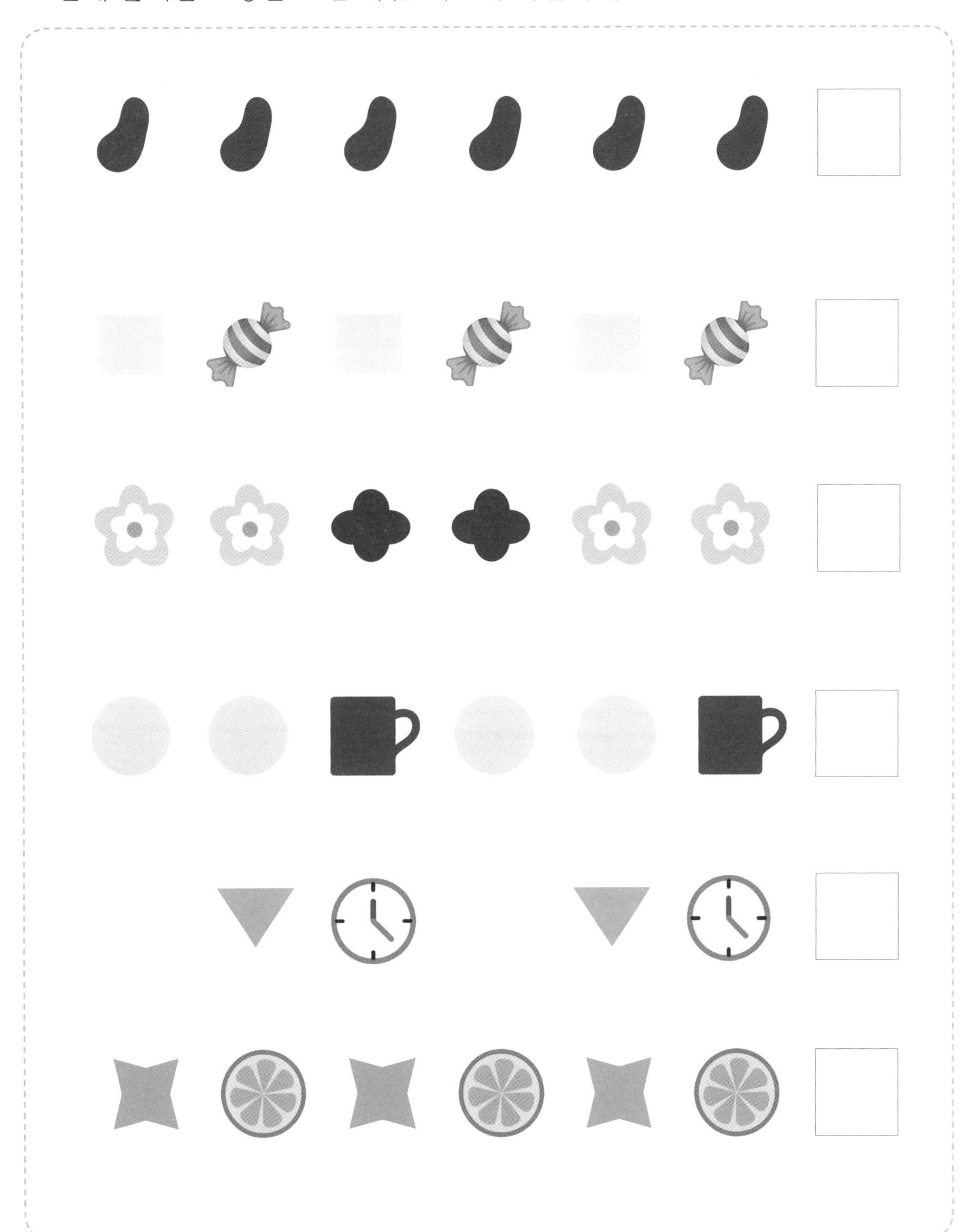

어떤 관계일까요?

다음 그림의 관계를 생각해 보고 알맞은 답을 찾아 ○표 하세요.

송아지　　강아지　　망아지

발　　양말　　목도리

테니스 라켓　　배트민턴 라켓　　축구공

2 같은 것을 찾아요

개념 꼭꼭 모양과 크기가 같아서 완전히 포개지는 것을 '합동'이라고 해요.

합동인 도형은 모양과 크기가 같은 '쌍둥이 도형'입니다. '완전히 포개지는' 도형이라 생각하면 이해하기 쉬워요. 합동인 도형 찾기를 하면 관찰력이 커집니다.

직선을 기준으로 접었을 때 완전히 겹쳐지는 도형을 '선대칭'이라고 해요.

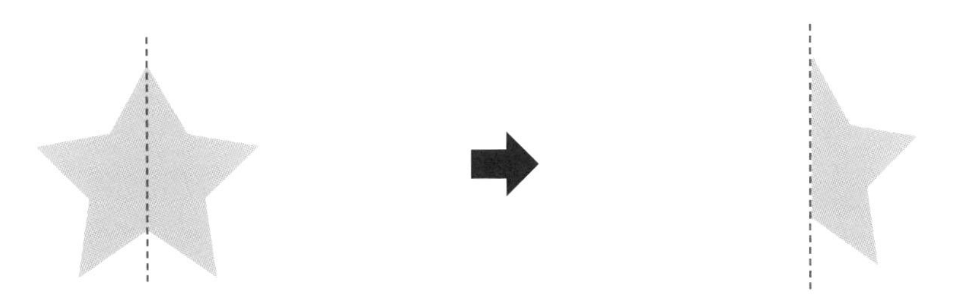

다음은 반으로 접었을 때 완전히 겹쳐지는 것들이에요. 주변에서 한번 찾아보세요. 데칼코마니 활동을 해보는 것도 좋아요.

같은 그림을 찾아보아요

오른쪽 그림 중 왼쪽 그림과 같은 것을 찾아 ○표 하세요.

같은 도형을 찾아보아요

오른쪽 그림 중 왼쪽 그림과 같은 도형을 찾아 ○표 하세요.

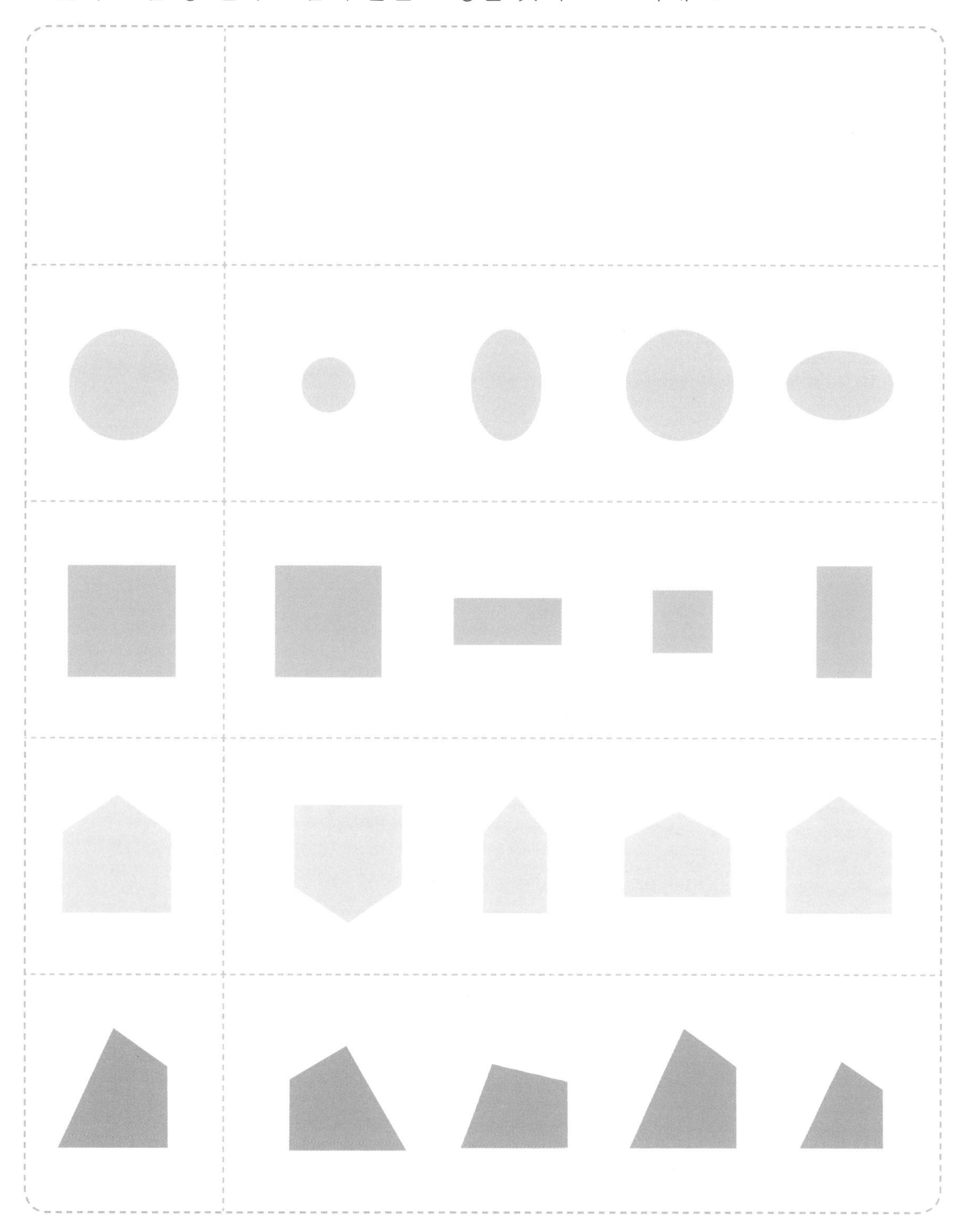

색종이를 접어 잘라 보아요

왼쪽 색종이를 반으로 접어 모양대로 잘랐을 때 나오는 모양에 ○표 하세요.

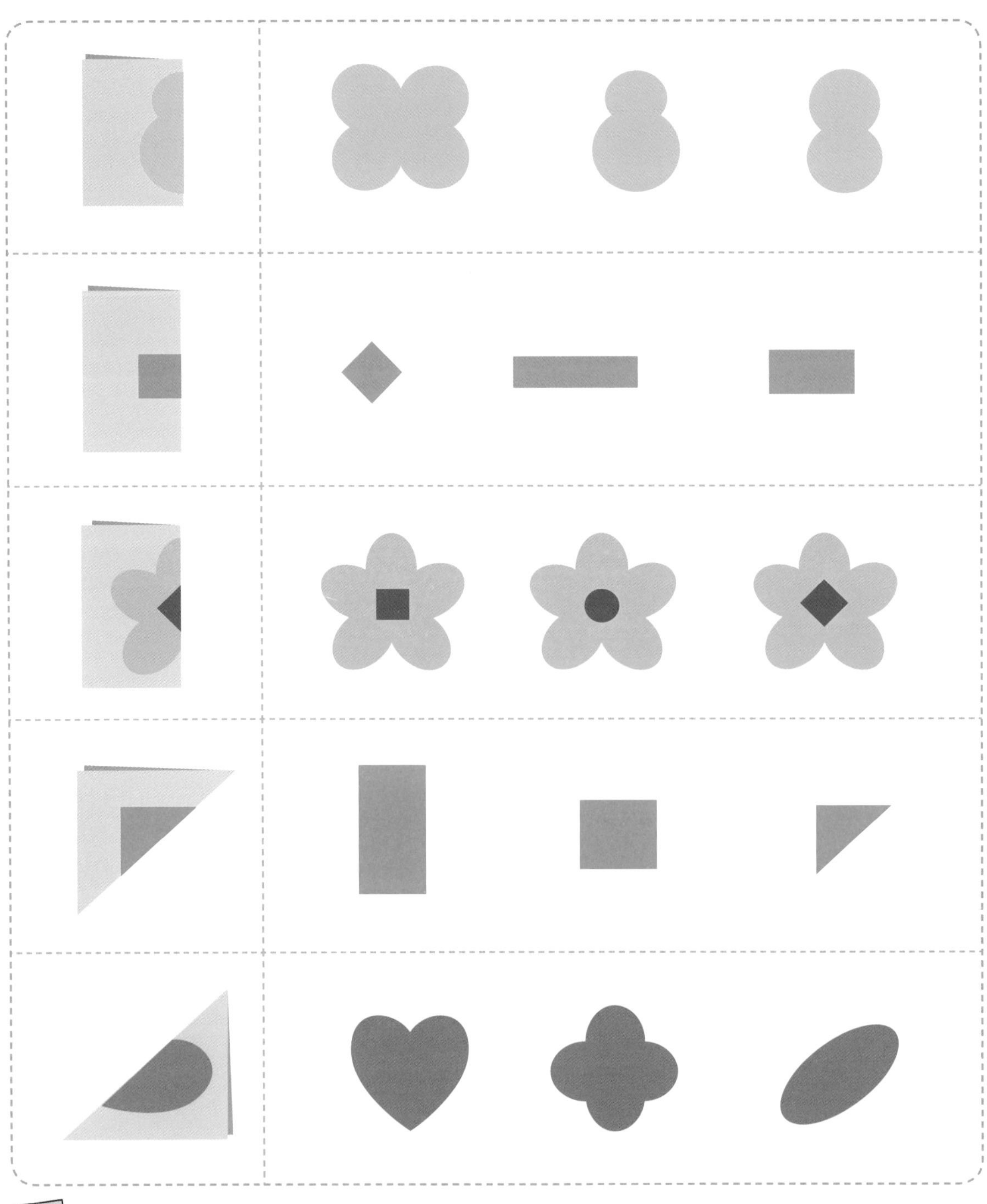

모양을 찾기 전에 나머지 반쪽을 먼저 그려 보면 찾기가 쉬워요.

3 도형을 움직여요 - 밀기, 뒤집기, 돌리기

개념 꼭꼭 뒤집기는 기준선, 돌리기는 기준점을 정하세요.

다음 그림에서 레몬이 어떻게 움직이는지 잘 살펴보세요. 오른쪽, 왼쪽, 위쪽, 아래쪽 어느 쪽으로 밀어도 변화가 없어요. 뒤집기는 기준선을 그어서 생각하세요. 기준선인 파란 점선을 접으면 모양이 같아집니다.

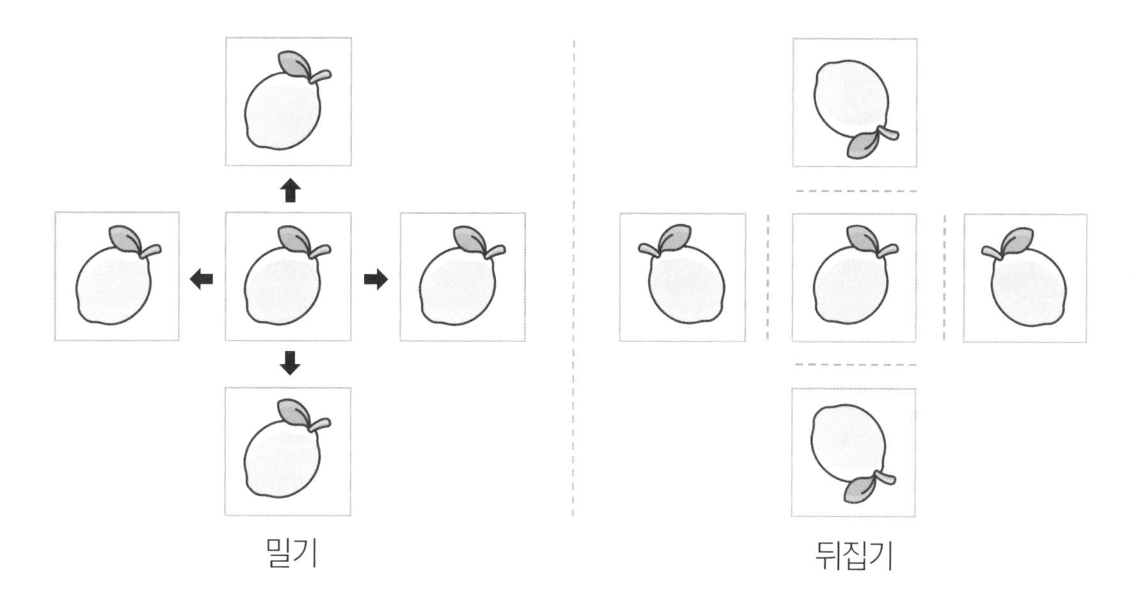

돌리기는 기준점을 정하세요. 오른쪽으로 90도(직각)씩 돌릴 때마다 기준점인 파란 별이 어느 쪽으로 움직이는지 잘 살펴보세요.

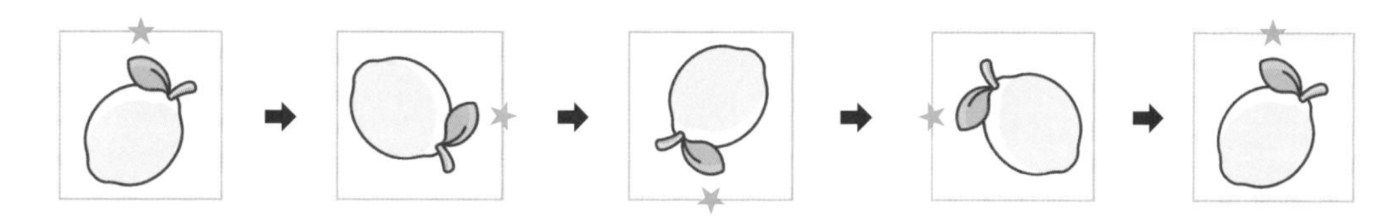

'도형 움직이기'를 배울 때부터 갑자기 수학을 어려워하는 아이들이 많아집니다. 이 단원을 제대로 이해해야 이후 수학 공부하기가 수월합니다. 도형 움직이기는 사물을 이용하면 이해하기 쉬워요.

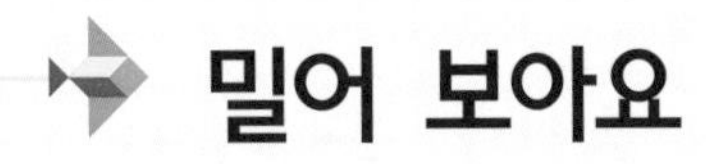

밀어 보아요

왼쪽 그림을 오른쪽으로 밀었을 때 알맞은 위치에 도형들을 그려 주세요.

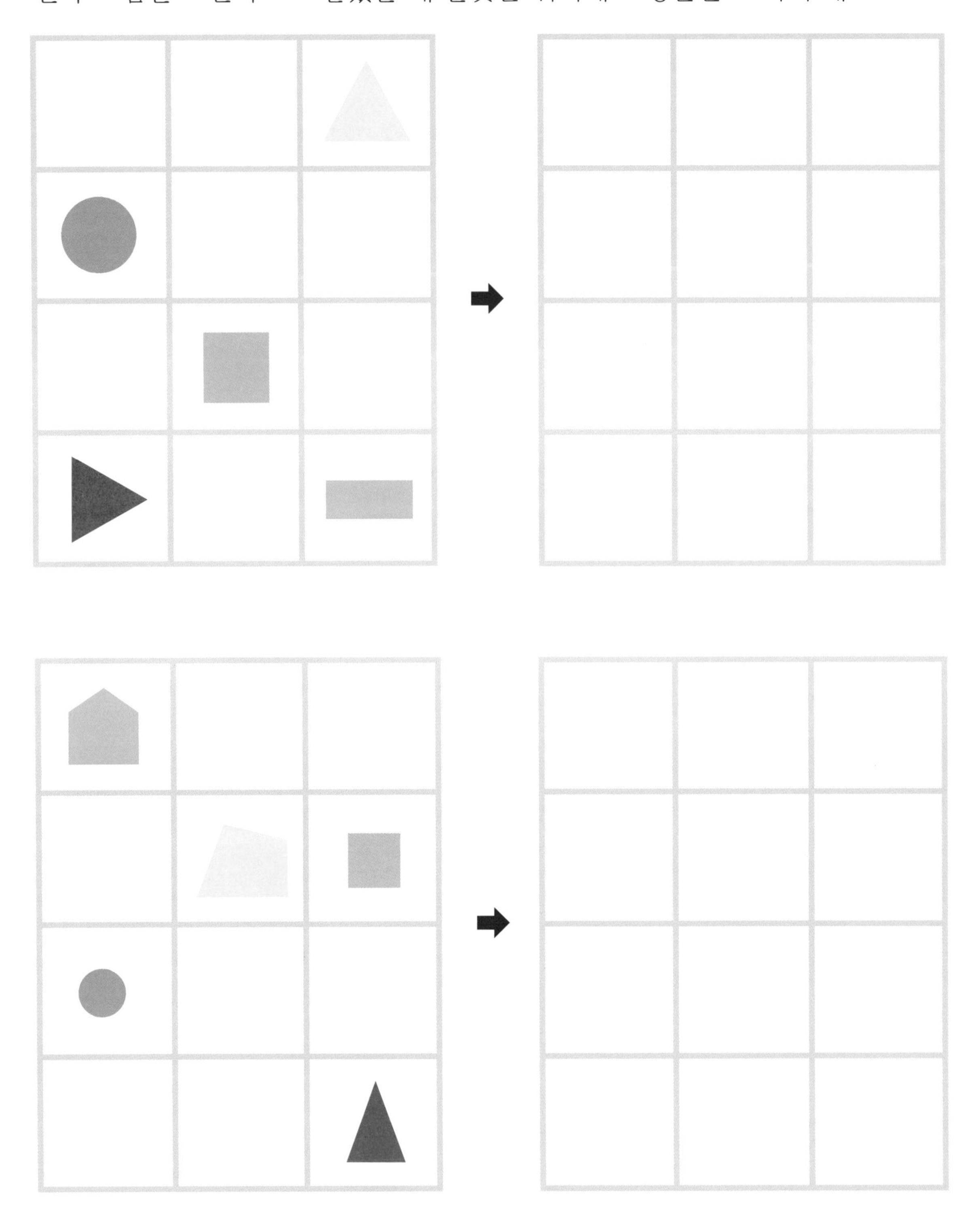

밀어 보아요

왼쪽 도형과 같은 모양의 도형을 그려 보아요.

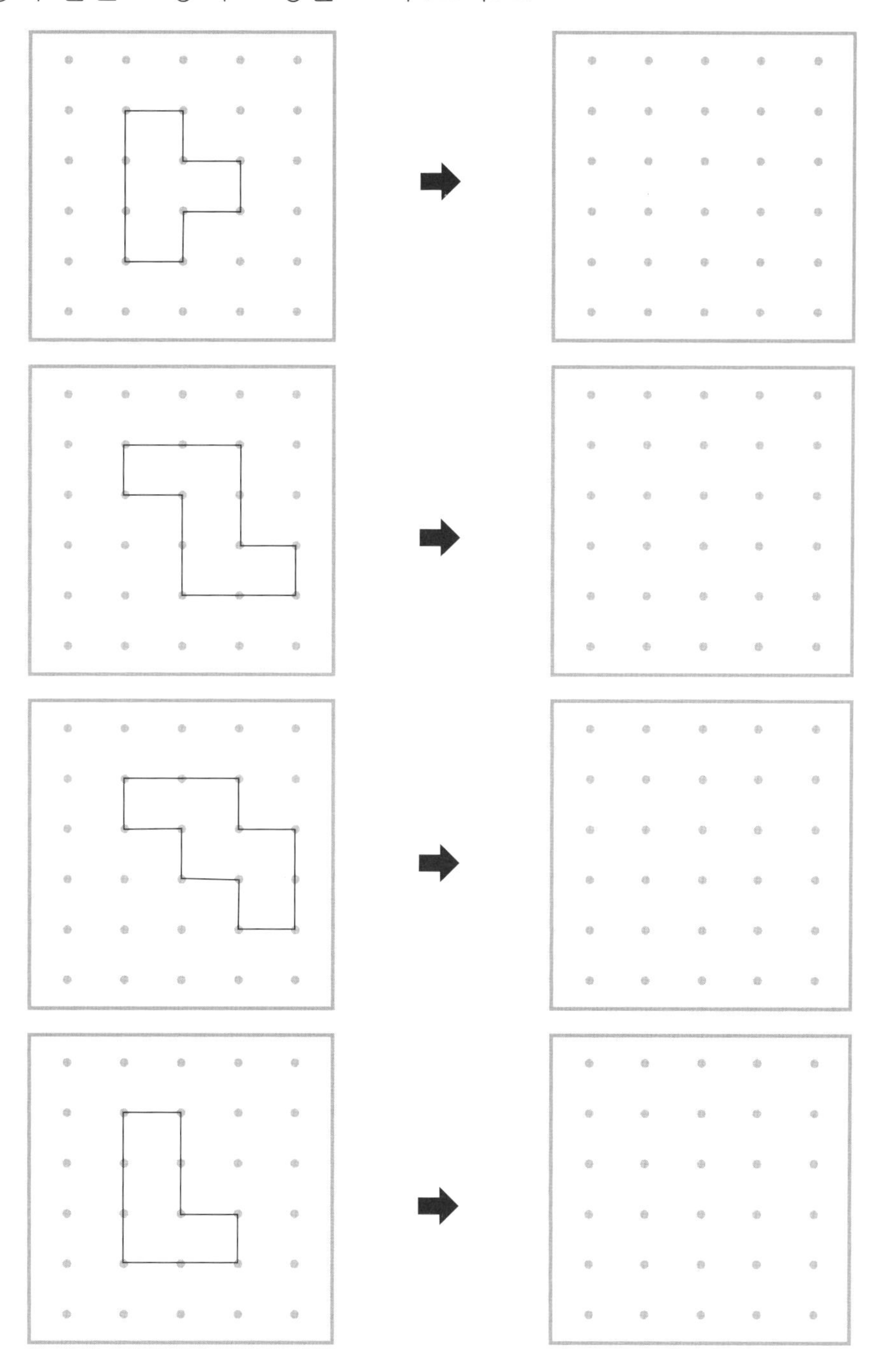

가정에서 동화 캐릭터 따라 그리기 활동을 해 보세요. 모사활동은 선을 그리고 구도를 잡는 데 도움이 됩니다. 공간 개념 형성에도 좋습니다.

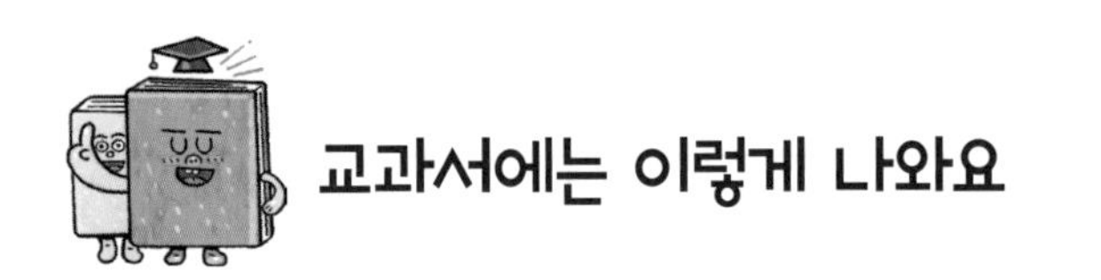

3학년 1학기

1. 다음 도형을 오른쪽으로 밀었을 때의 알맞은 도형을 골라 ○표 하세요.

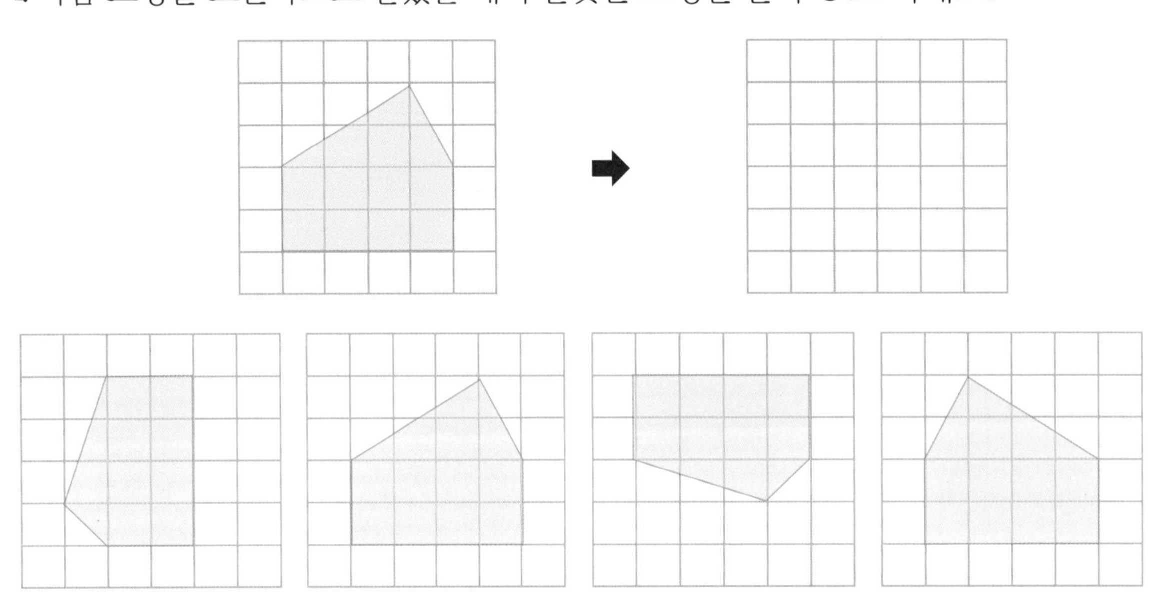

2. 다음 도형을 왼쪽으로 밀었을 때의 알맞은 도형을 골라 ○표 하세요.

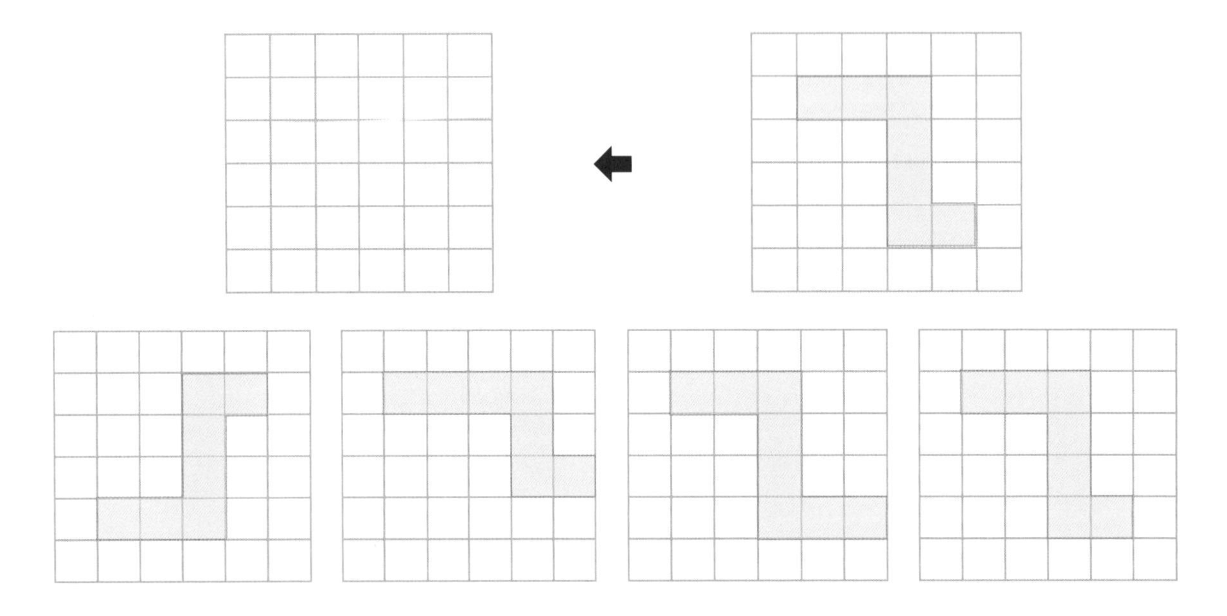

도형을 밀면 위치는 바뀌나 크기와 모양은 바뀌지 않습니다.

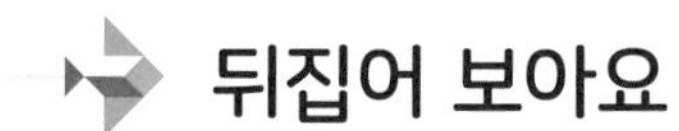

뒤집어 보아요

왼쪽 그림을 빨간 점선을 기준으로 접었을 때 나오는 모양에 ○표 하세요.

아이와 함께 그림 오른쪽에 거울이나 휴대폰을 세워 두고 비춰 보면 정답을 확인할 수 있어요.

서로 다른 모양을 찾아보아요

빨간 점선을 기준으로 접었을 때 모양이 다른 과일에 ○표 하세요.

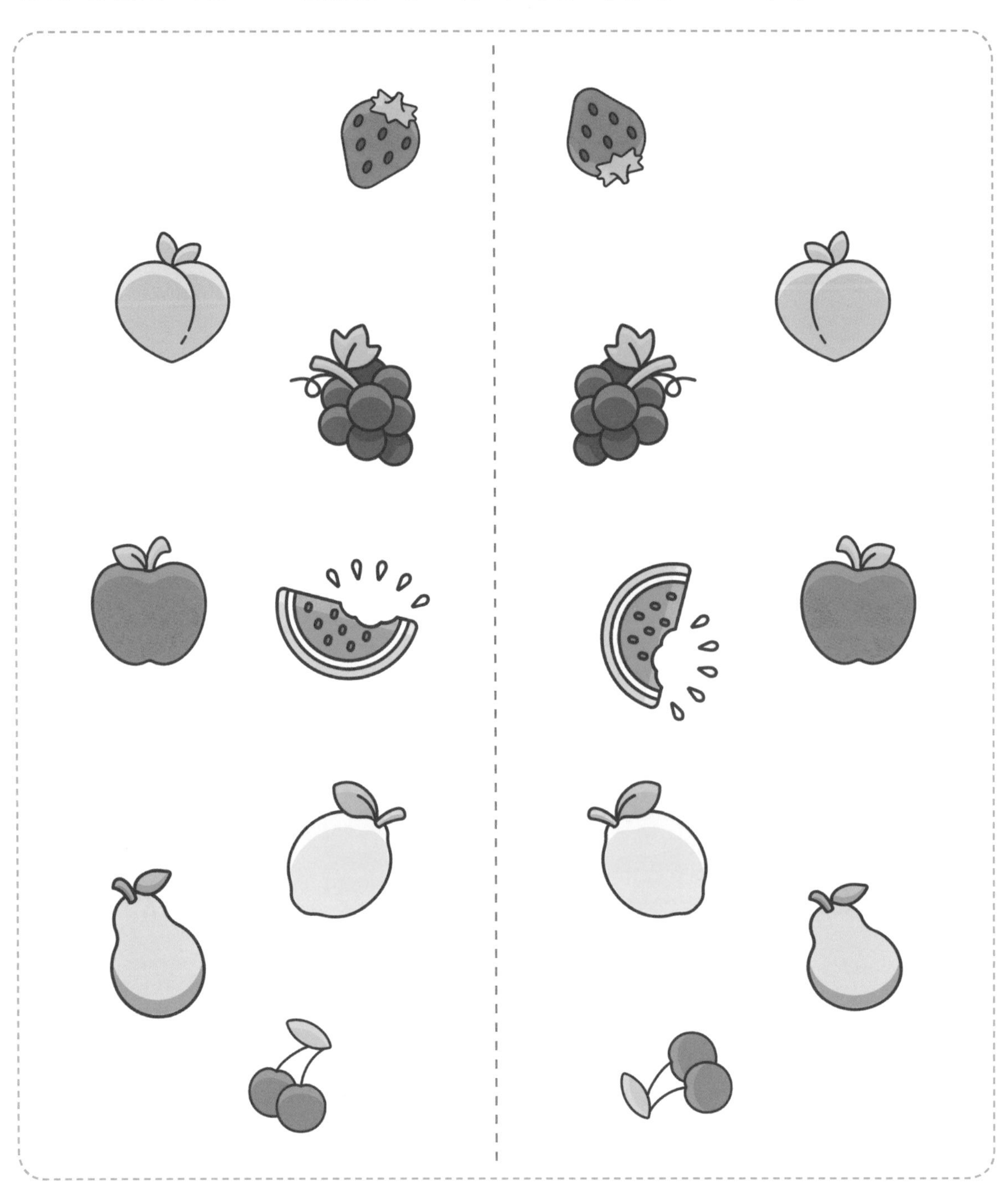

과일의 위치와 모양을 잘 확인하세요.

사물을 거울에 비춰 보아요

왼쪽 그림 오른쪽에 거울을 놓고 비추어 본 모양을 찾아 ○표 하세요.

아이와 함께 그림 오른쪽에 거울이나 휴대폰을 이용해 비춰 보세요.

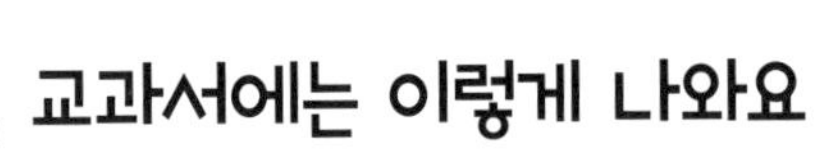

3학년 1학기

1. 왼쪽 도형을 오른쪽으로 뒤집은 도형을 찾아 ○표 하세요.

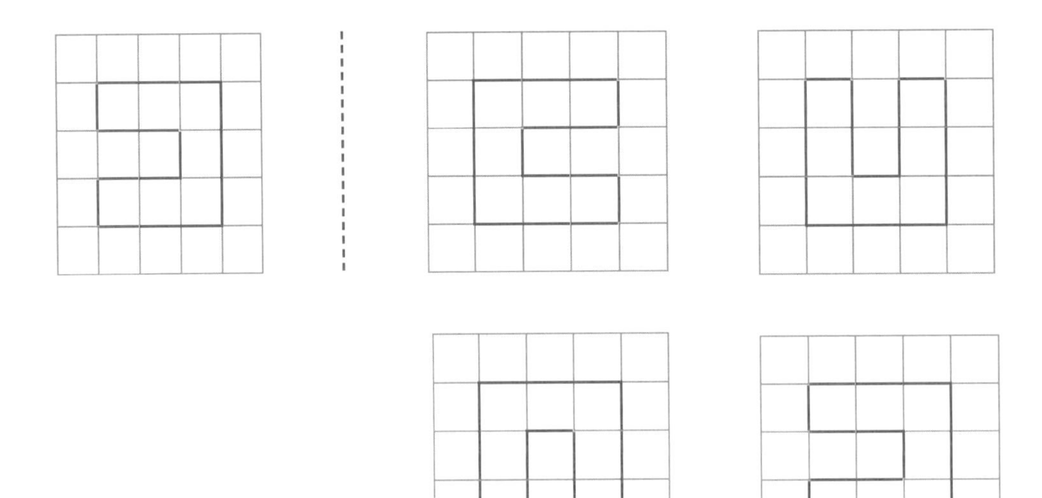

2. 왼쪽 도형을 오른쪽으로 뒤집은 도형을 찾아 ○표 하세요.

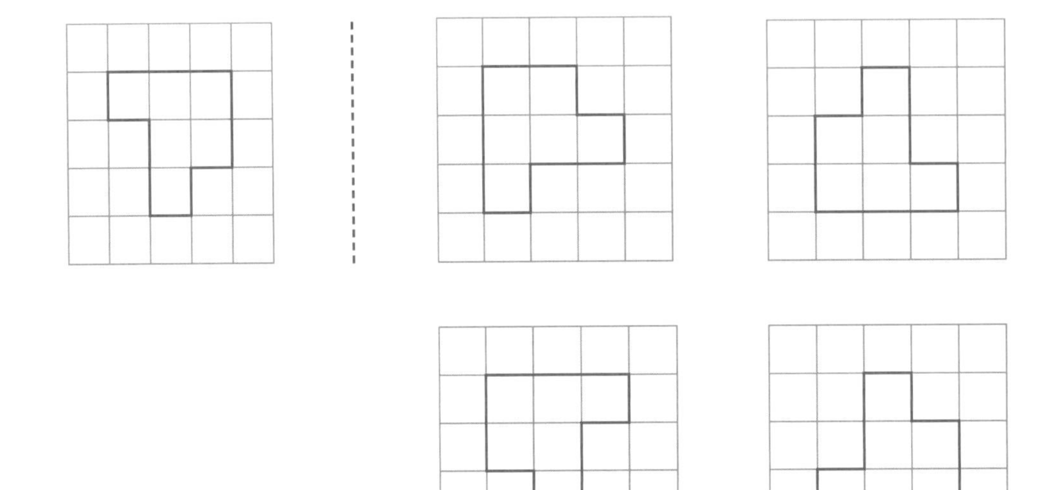

뒤집은 모양을 잘 찾지 못하면 거울이나 휴대폰을 옆에 놓고 비친 모습을 보고 찾아보세요.

90도로 돌려 보아요

그림 속 파란 별(★)이 오른쪽에 있는 빨간 점(●)까지 오도록 돌려 보았더니 사람이 옆으로 누워 있는 모습으로 바뀌었네요.

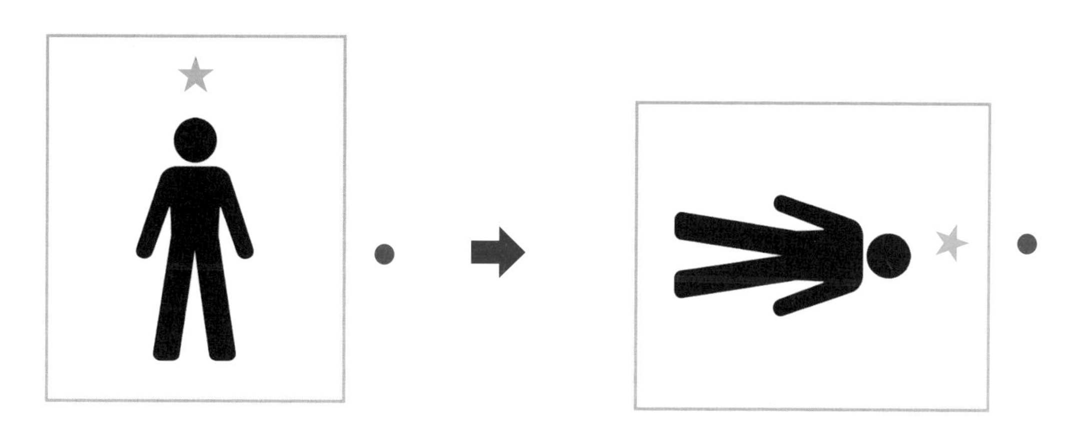

이처럼 그림을 직각(90도)으로 돌린 것을 로 표시해요.

이번에는 파란 별이 아래에 있는 빨간 점까지 오도록 돌려 볼까요?
돌렸더니 사람이 거꾸로 보이네요.

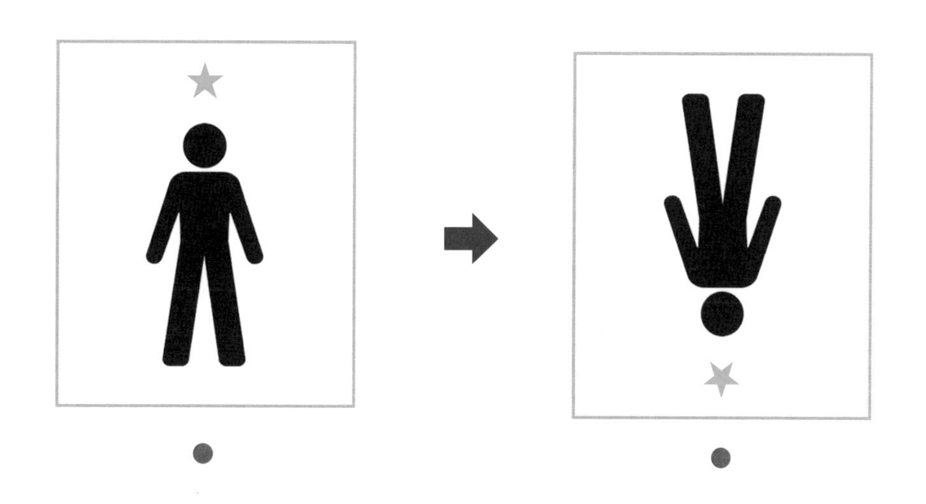

이처럼 그림이 뒤집어지게(180도) 돌린 것을 로 표시해요.

90도로 돌려 보아요

1. 왼쪽 그림을 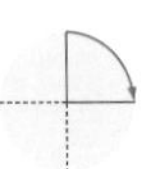 돌린 것을 찾아 ○표 하세요.

2. 왼쪽 그림을 돌린 것을 찾아 ○표 하세요.

 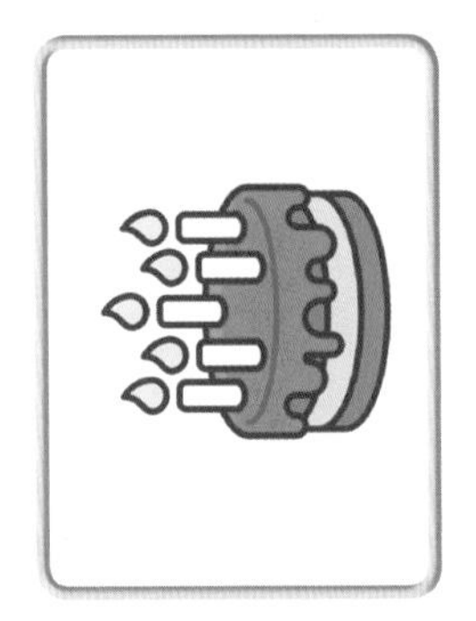  

180도로 돌려 보아요

왼쪽 그림을 (180° 회전 기호) 돌린 것을 찾아 ○표 하세요.

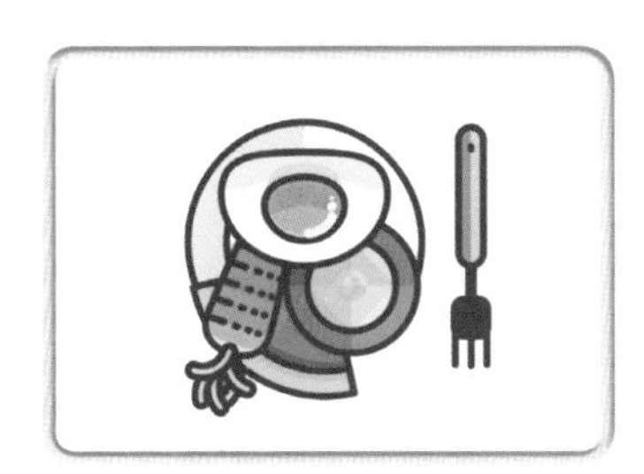
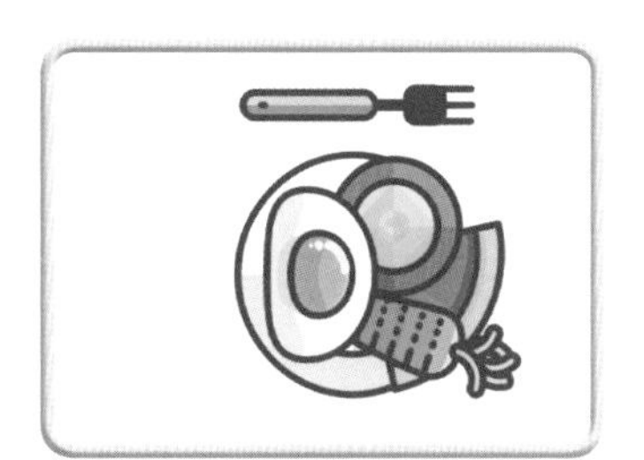

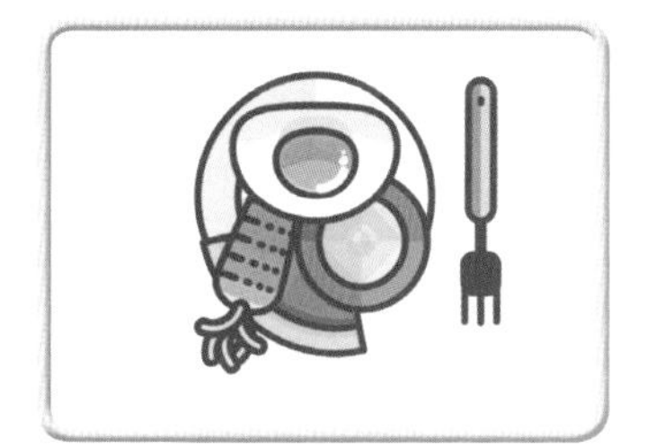

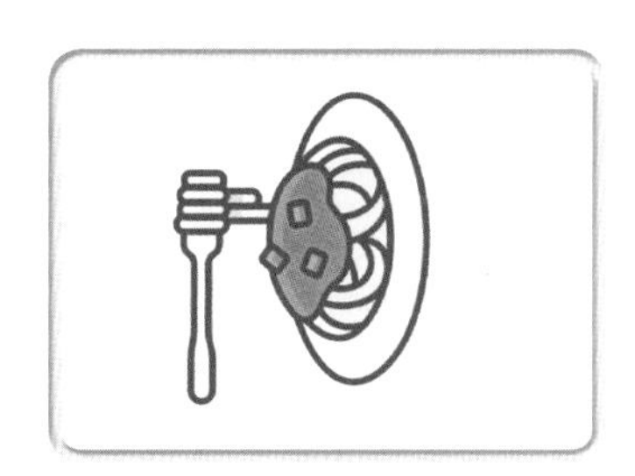
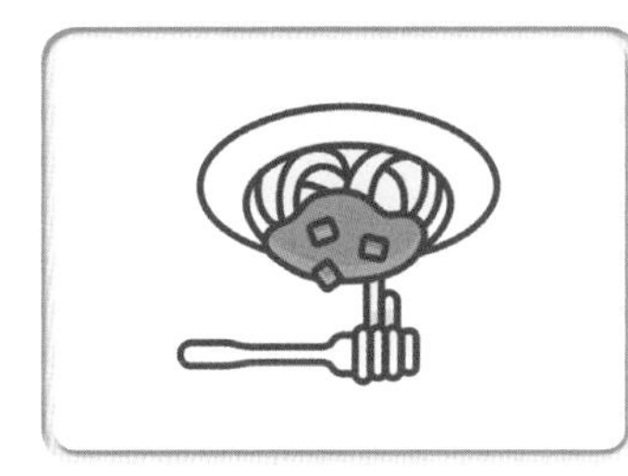

색종이에 그림을 그려 돌려 보아요.

물고기를 요리조리 돌려 보아요

네모 안에 들어갈 물고기 모양대로 물고기를 그려 주세요.

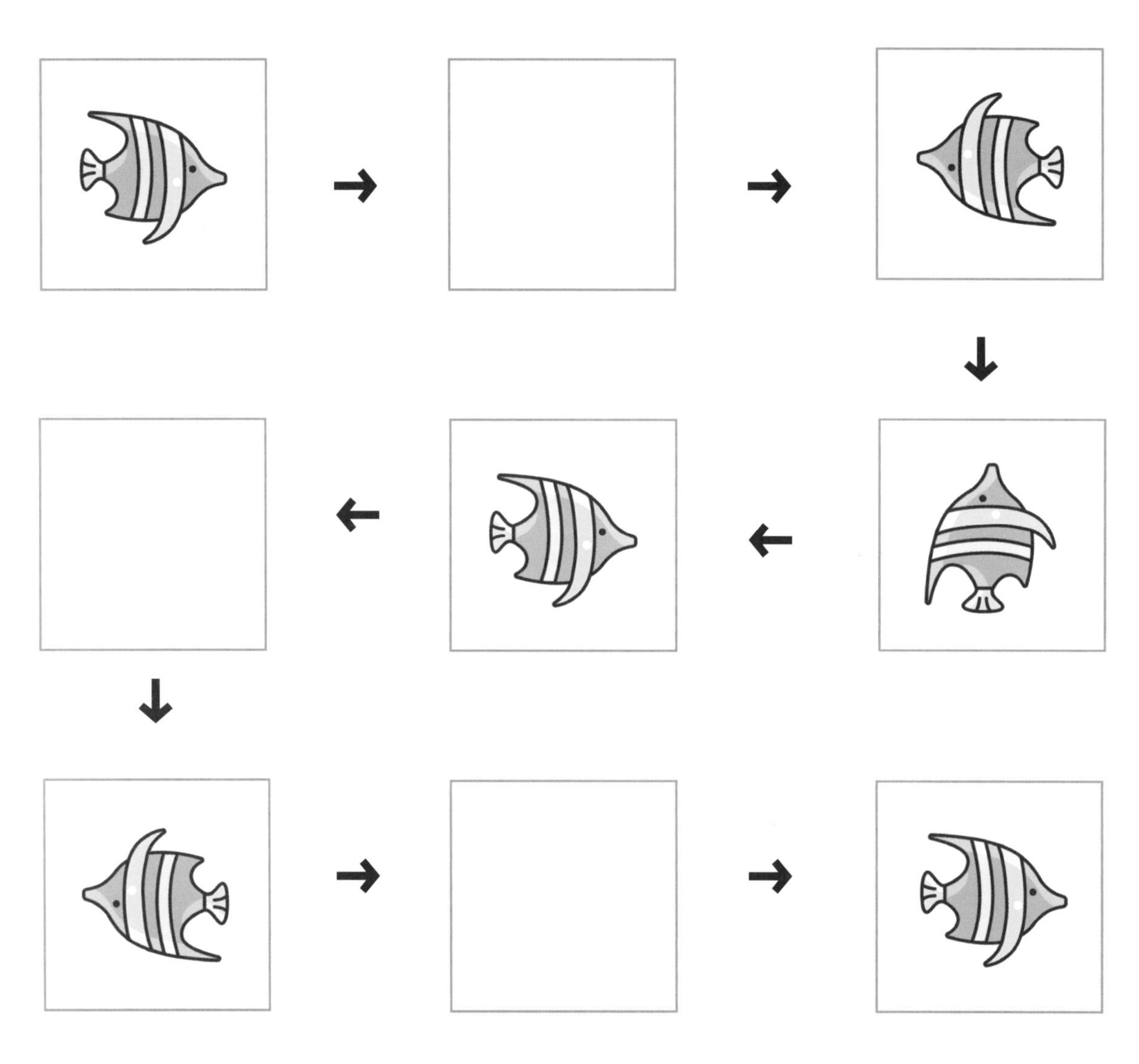

'돌리기' 중 아이들이 가장 어려워하는 것은 180도 돌리기입니다. '상하좌우'가 모두 바뀌기 때문이죠. 종이에 그림을 그린 후 종이를 돌려서 확인하면 이해하기가 쉽습니다. 유아 때부터 도형이나 그림 돌리기를 하면 예측 능력을 기를 수 있습니다.

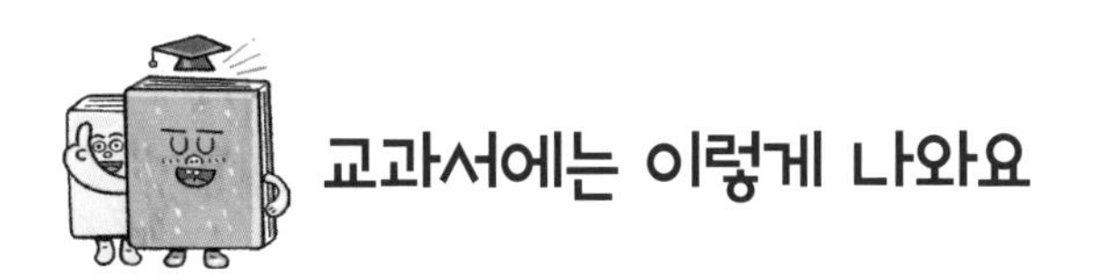

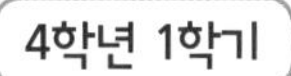

왼쪽 도형을 시계 방향으로 직각만큼 돌린 도형을 오른쪽에 그려 보아요.

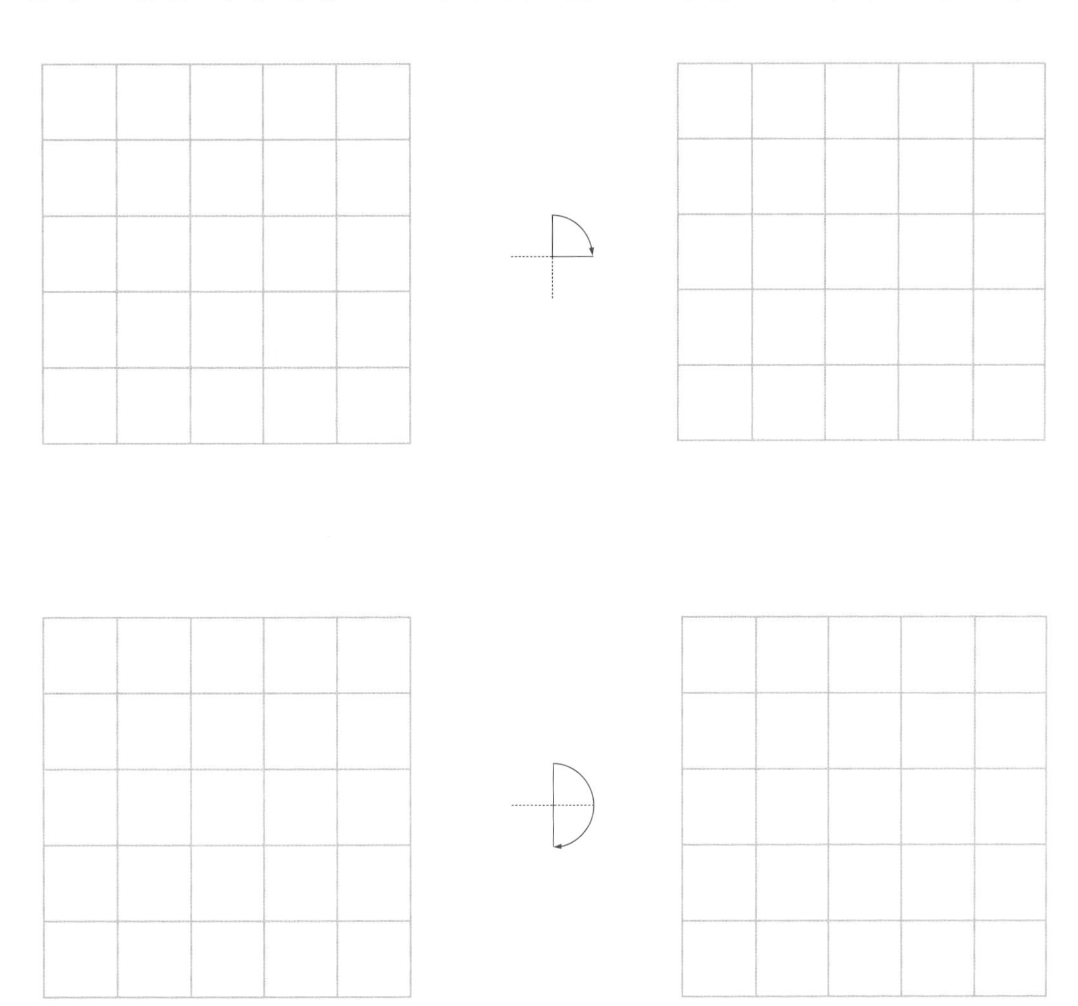

4부

도형으로 만들어요

1 칠교로 여러 가지 모양을 만들어요

개념 꼭꼭 칠교판은 삼각형, 사각형, 평행사변형으로 이루어져 있어요.

칠교놀이는 '탱그램'이라고도 해요. 정사각형을 일곱 조각으로 나눈 것을 사용해 여러 가지 모양을 만드는 놀이입니다. 두뇌 발달에 아주 좋아요. 칠교 조각들은 서로 변의 길이가 같거나 각의 크기가 같습니다. 둘 이상의 조각을 다른 한 조각에 붙여 보면, 쉽게 이해할 수 있어요.

큰 삼각형에 작은 삼각형과 평행사변형을 붙여 볼까요?
큰 삼각형 긴 변의 길이는 2개의 작은 삼각형 긴 변의 합과 같습니다. 또한 작은 삼각형 긴 변과 평행사변형 긴 변의 합과도 같습니다.

이번에는 중간 삼각형에 작은 삼각형과 평형사변형을 붙여 보겠습니다. 중간 삼각형 긴 변의 길이는 2개의 작은 삼각형 변의 합과 같습니다. 또한 2개의 작은 삼각형과 평행사변형 한 변의 합과도 같습니다.

칠교 조각을 찾아보아요

왼쪽 설명을 보고 칠교판을 알맞게 색칠해 보세요.

큰 삼각형 2개 : 빨강

중간 삼각형 1개 : 노랑

작은 삼각형 2개 : 초록

정사각형 1개 : 파랑

평행사변형 1개 : 보라

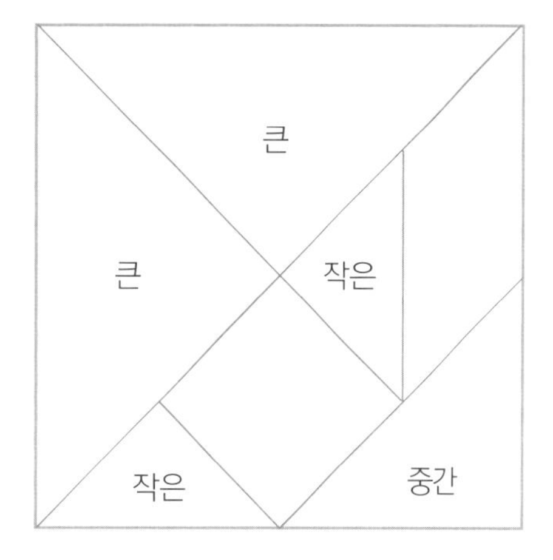

다음 중 칠교 조각이 아닌 것을 찾아 동그라미하세요.

칠교놀이를 할 때는 큰 조각부터 사용하세요. 그러면 나머지 부분을 맞추기가 아주 쉽습니다.

칠교 조각으로 여러 가지 도형을 만들어요

별첨 칠교 조각을 이용하세요!

칠교판의 중간 삼각형 1개와 작은 삼각형 2개로 아래의 빈 도형을 채워 보세요.

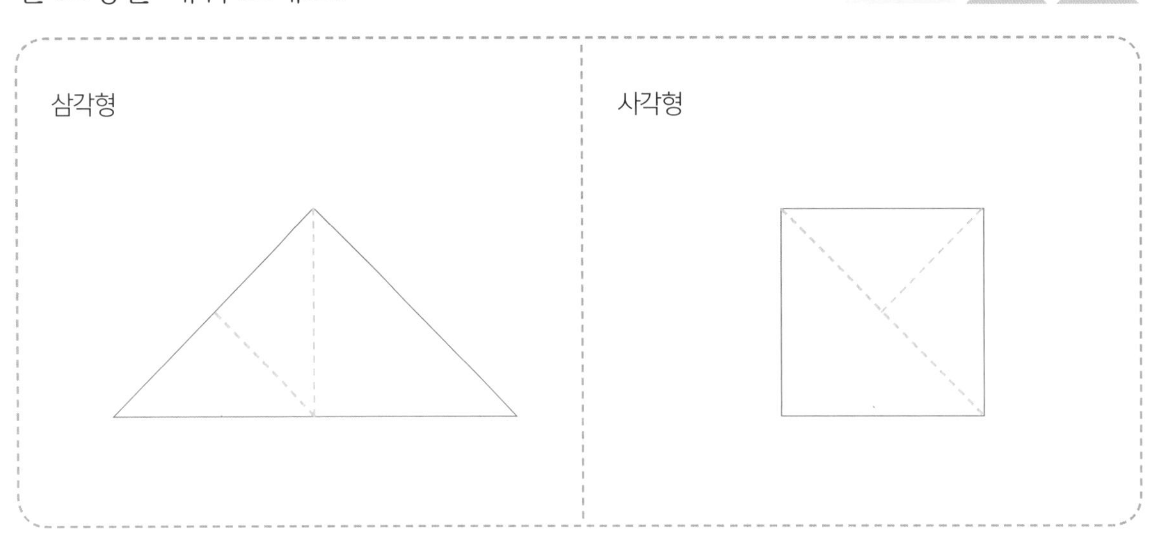

칠교판의 평행사변형 1개, 작은 삼각형 2개, 정사각형 1개로 오각형과 육각형을 만들어 보세요.

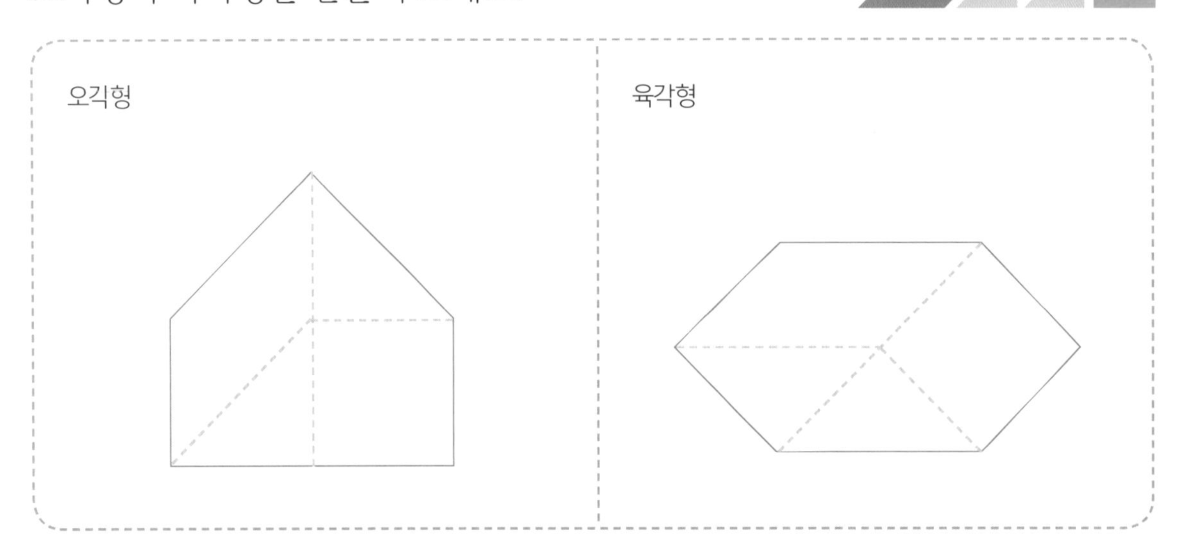

크기가 같은 삼각형 2개를 붙여 정사각형, 평행사변형, 삼각형 만들기를 할 때 긴 변끼리 붙이면 정사각형이되고, 짧은 변끼리 붙이면 삼각형, 평행사변형이 됩니다.

칠교 조각으로 도형을 채워요

별첨 칠교 조각을 이용하세요!

오른쪽 칠교 조각으로 아래의
빈 도형을 채워 보세요.

칠교 조각으로 다양한 모양을 만들어요

별첨 칠교 조각을 이용하세요!

왼쪽에 있는 칠교 조각을 이용해 오른쪽 모양을 만들어 보세요.

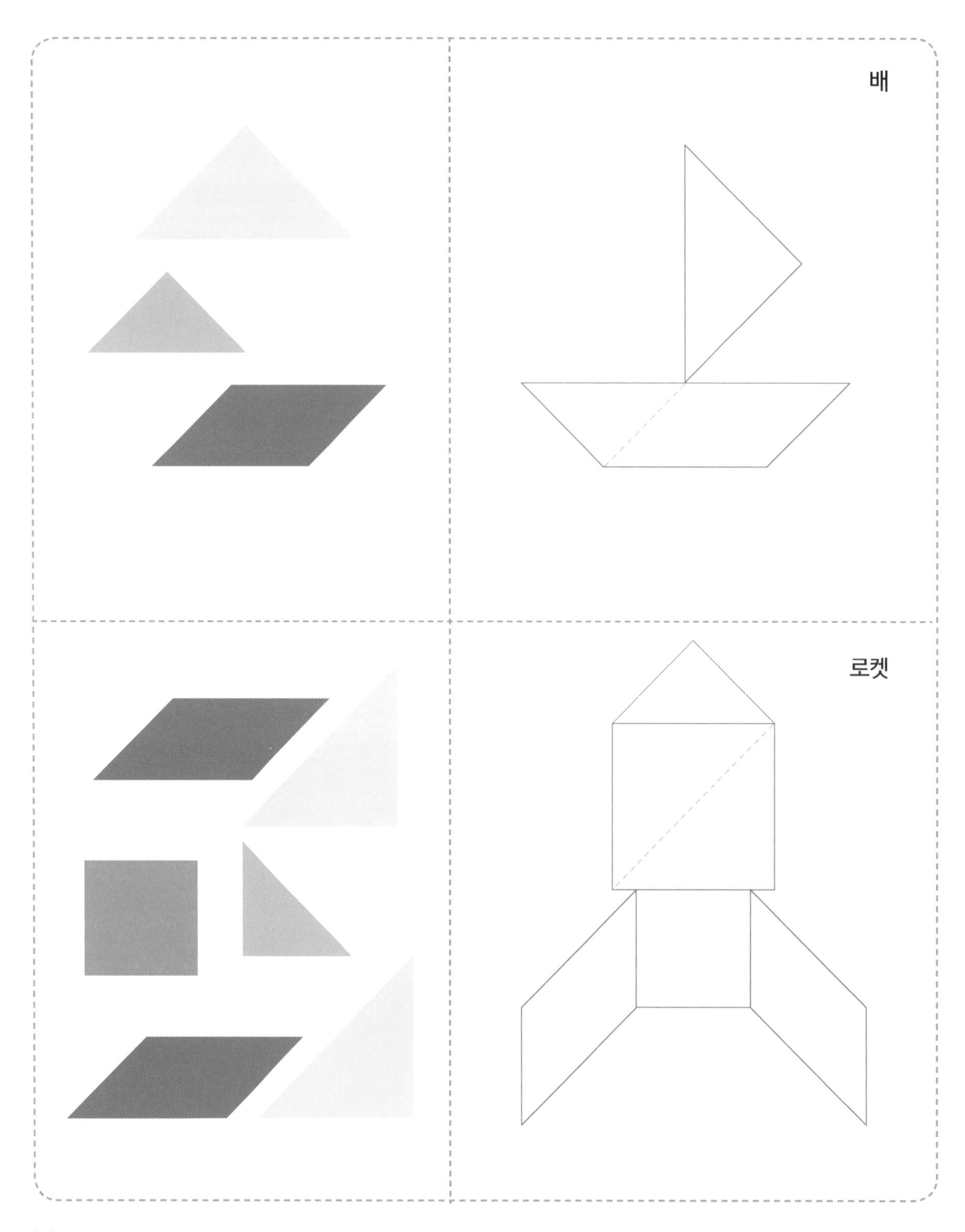

칠교 조각으로 다양한 모양을 만들어요

별첨 칠교 조각을 이용하세요!

왼쪽에 있는 칠교 조각을 이용해 오른쪽 모양을 만들어 보세요.

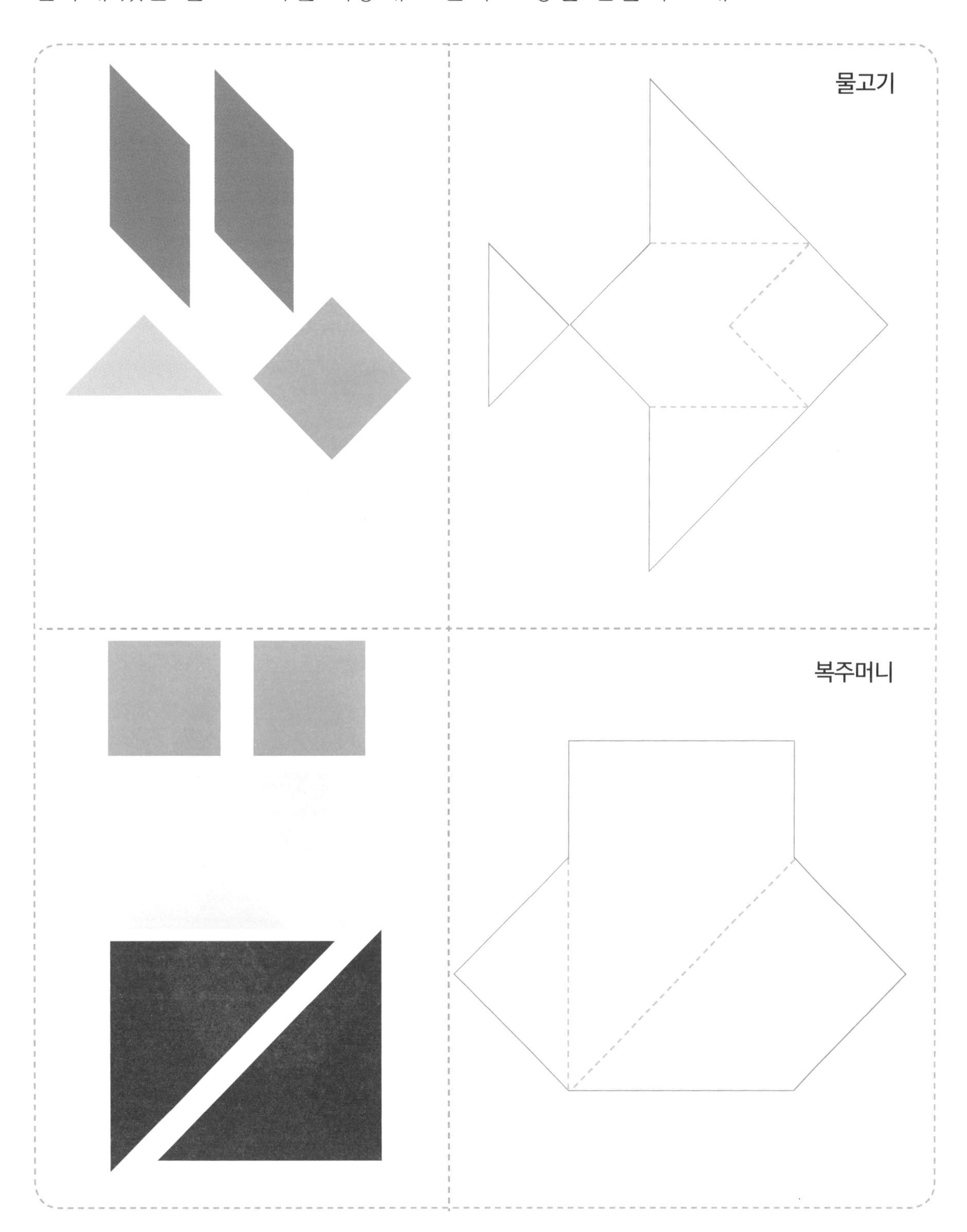

2 패턴 블록으로 규칙을 익혀요

개념 꼭꼭 패턴 블록은 조각들 사이의 규칙을 알게 해 줍니다.

'패턴 블록'은 정육각형, 정사각형, 마름모, 사다리꼴, 정삼각형, 평행사변형 등 6개 조각으로 구성되어 있어요.
패턴 블록을 이용한 놀이를 하다 보면 다양한 다각형의 모양과 조각들 사이의 규칙을 알게 되어 도형을 쉽고 재미있게 공부할 수 있어요.

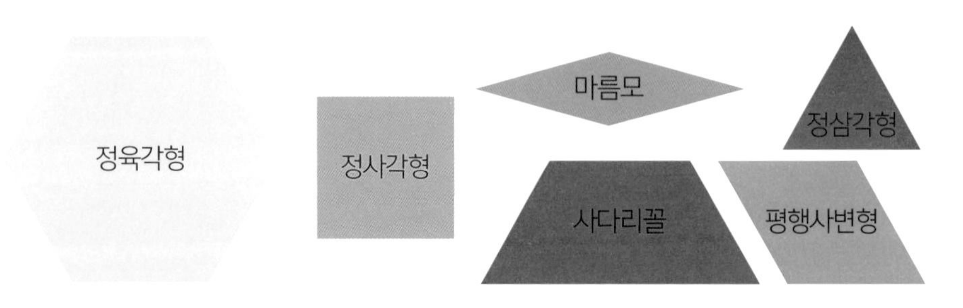

패턴 블록 조각을 이용해 다양한 방법으로 육각형을 만들 수 있어요.

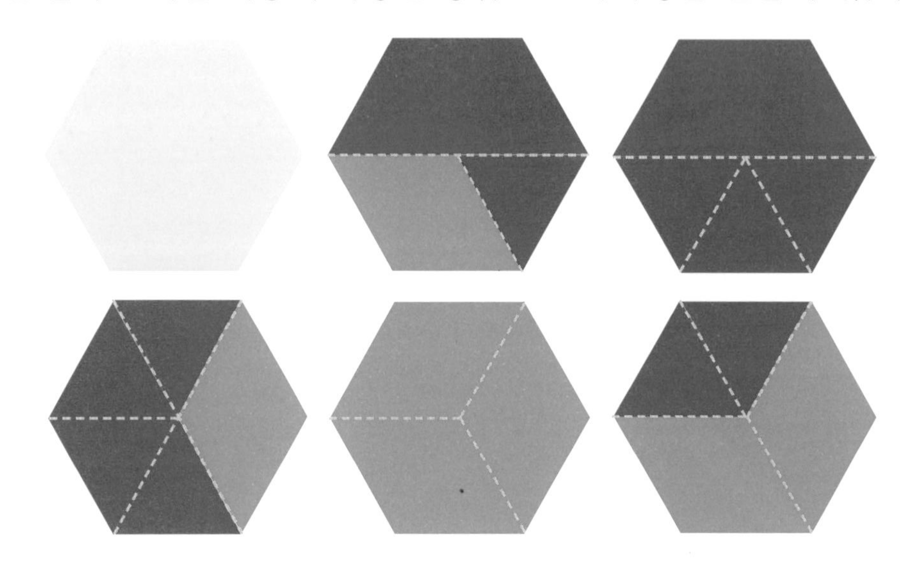

패턴 블록의 정삼각형 한 변의 길이는 평행사변형 한 변의 길이와 같아요.

연결하기 놀이를 해요

별첨 패턴 블록 조각을 이용하세요!

패턴 블록 조각을 연결해 재미있는 놀이를 해 보아요. 결승점에 먼저 도착하는 사람이 이깁니다.
단, 반드시 길이가 같은 부분끼리 이어야 합니다.

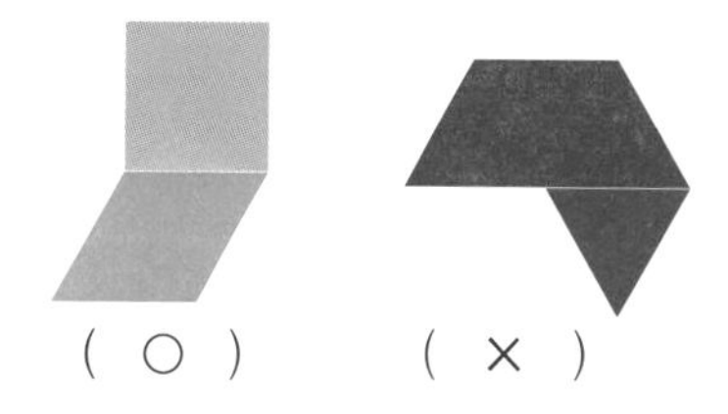

놀이 방법 패턴 블록 조각을 준비한 다음, 가위바위보를 해 이긴 사람이 한 조각씩 붙여요.

출발

결승점

다음 도형을 여러 가지 패턴 블록으로 채워 보아요.

패턴 블록으로 다양한 모양을 만들어요

별첨 패턴 블록 조각을 이용하세요!

회색 부분을 패턴 블록으로 채워 보아요.

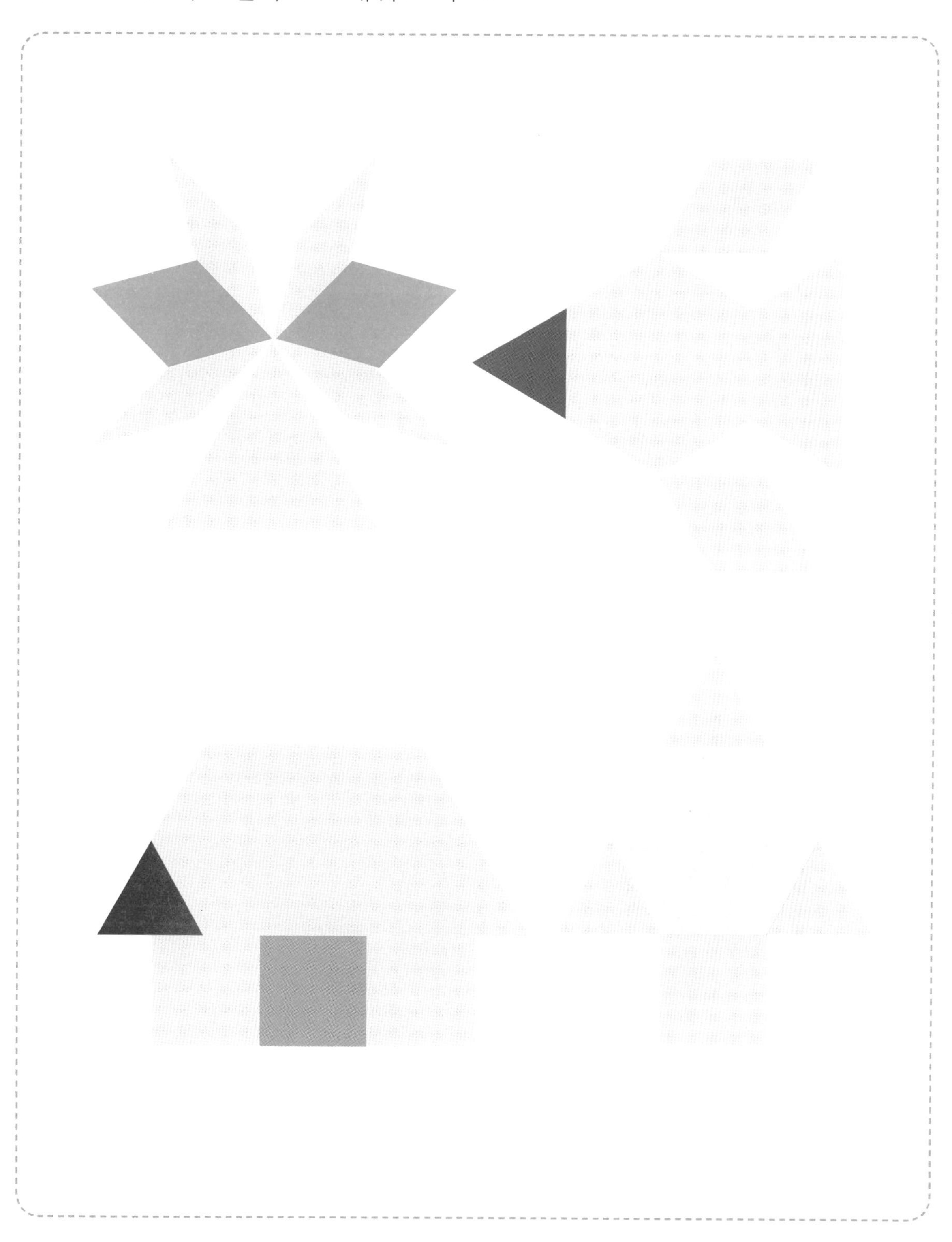

3 뒤집고 돌리며 펜토미노로 놀아요

개념 꼭꼭 □ 모양 5개를 붙여 만든 도형을 '펜토미노'라고 해요.

펜토미노 모양은 모두 12가지입니다. 펜토미노를 자세히 살펴보면 알파벳 모양을 닮았습니다. 여러분도 한번 살펴보세요.

같은 모양 펜토미노 조각을 찾아보아요

같은 모양의 펜토미노 조각끼리 선으로 이어 보세요.

펜토미노 조각으로 네모 칸을 채우세요

별첨 펜토미노 조각을 이용하세요!

펜토미노 조각을 이용해 직사각형을 만들어 보세요. 3조각, 4조각, 5조각 등 자유롭게 골라 이용하세요.

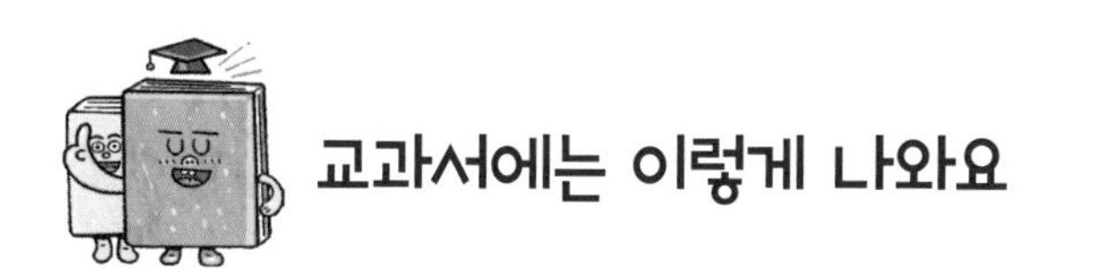

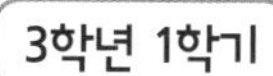

색칠되어 있지 않은 부분에 들어갈 두 조각 또는 세 조각을 찾아 동그라미하세요.

정답

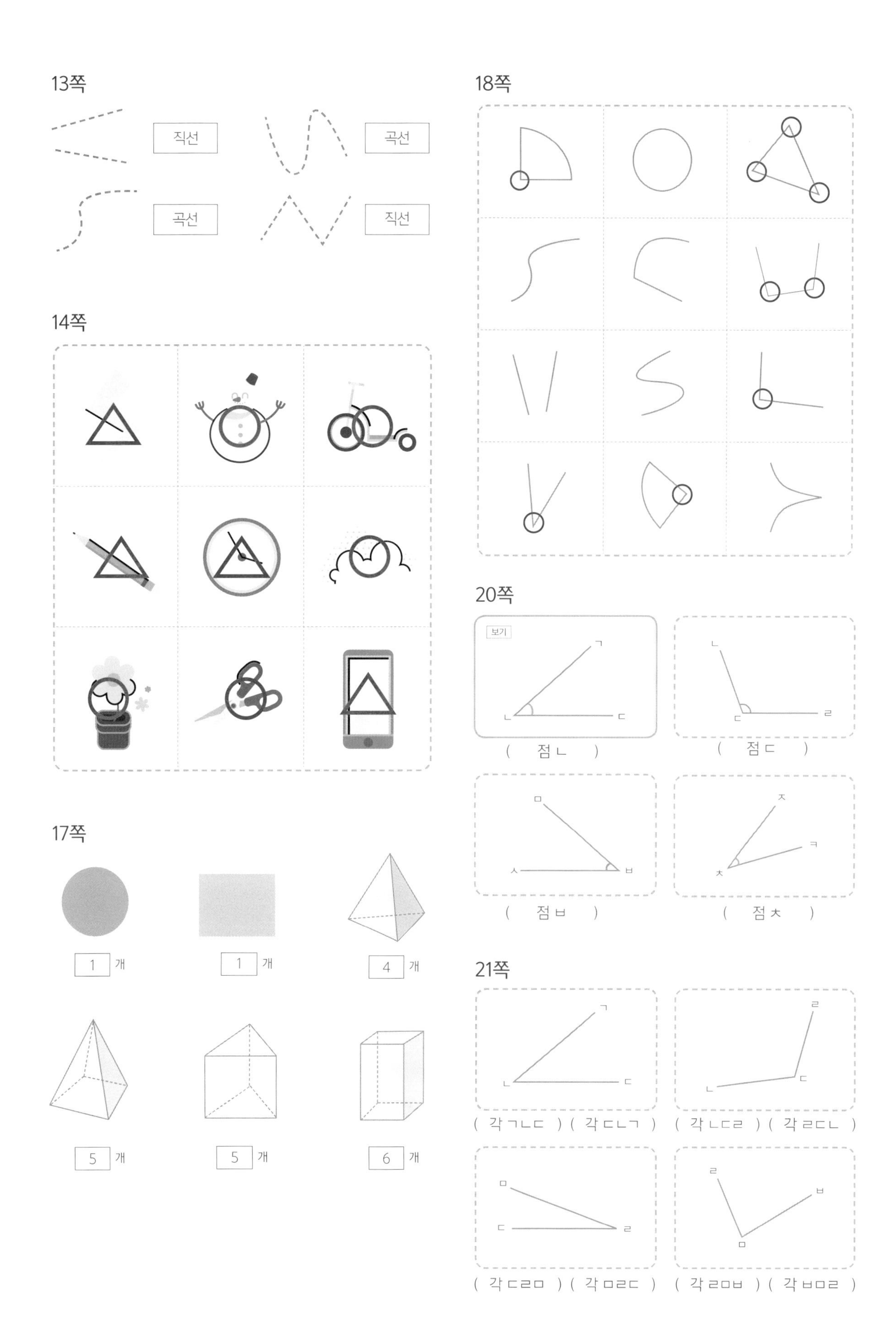
13쪽
직선
곡선
곡선
직선
14쪽
17쪽
1 개
1 개
4 개
5 개
5 개
6 개
18쪽
20쪽
보기
ㄱ
ㄴ
ㄷ
(점ㄴ)
ㄴ
ㄷ
ㄹ
(점ㄷ)
ㅁ
ㅅ
ㅂ
(점ㅂ)
ㅈ
ㅋ
ㅊ
(점ㅊ)
21쪽
ㄱ
ㄴ
ㄷ
(각ㄱㄴㄷ) (각ㄷㄴㄱ)
ㄹ
ㄴ
ㄷ
(각ㄴㄷㄹ) (각ㄹㄷㄴ)
ㅁ
ㄷ
ㄹ
(각ㄷㄹㅁ) (각ㅁㄹㄷ)
ㄹ
ㅂ
ㅁ
(각ㄹㅁㅂ) (각ㅂㅁㄹ)

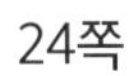

24쪽

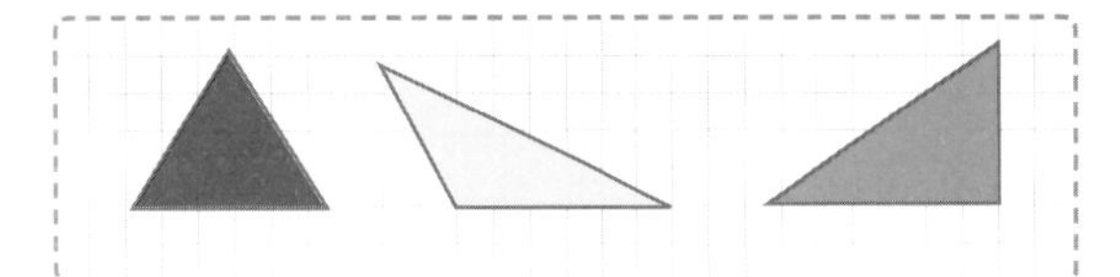

25쪽

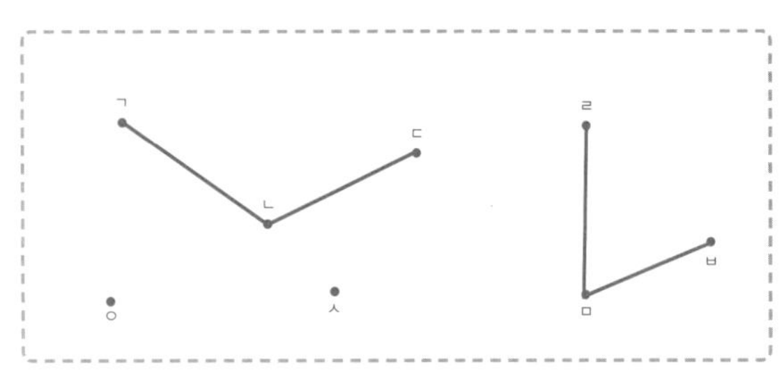

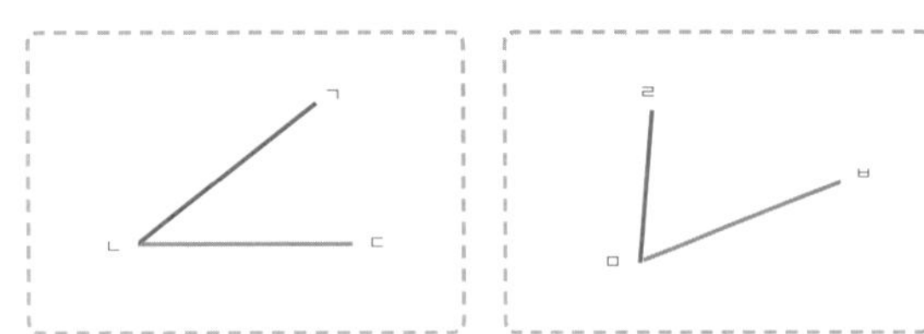

29쪽

30쪽

33쪽

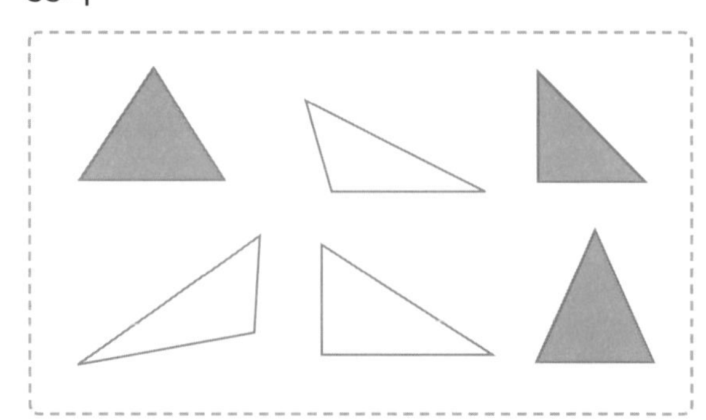

35쪽

37쪽

39쪽

40쪽

41쪽

43쪽

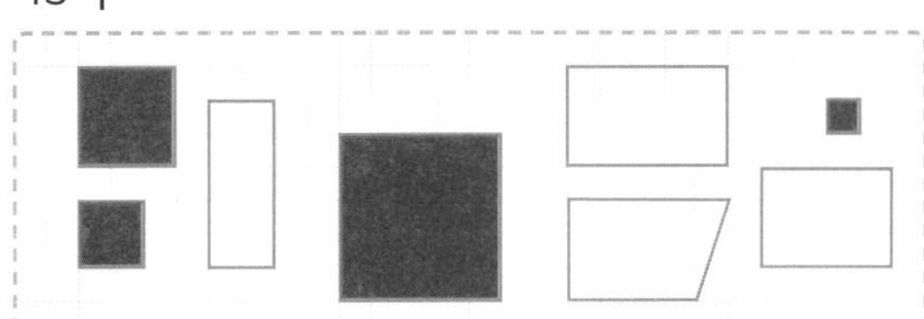

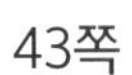

45쪽

① 4 개 ② 2 개 ③ 2 개

④ 1 개 전체 9 개

47쪽

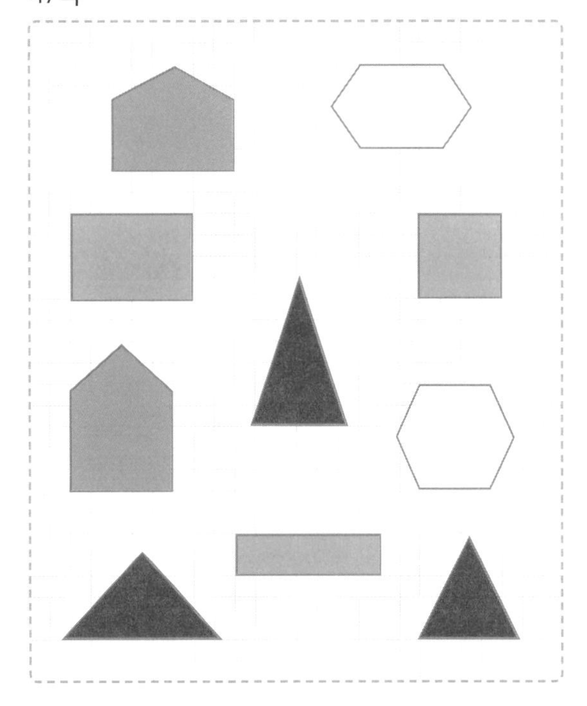

48쪽

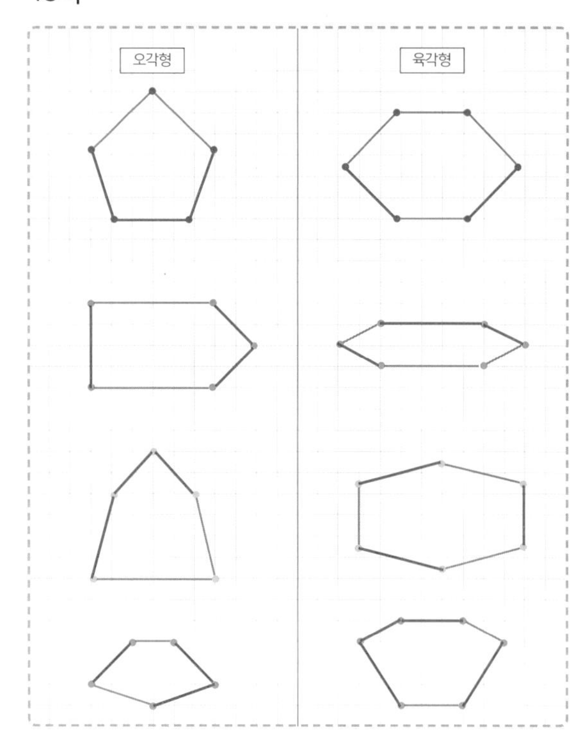

50쪽

2 개 3 개 2 개

51쪽

0 개 2 개 5 개 9 개

53쪽

54쪽

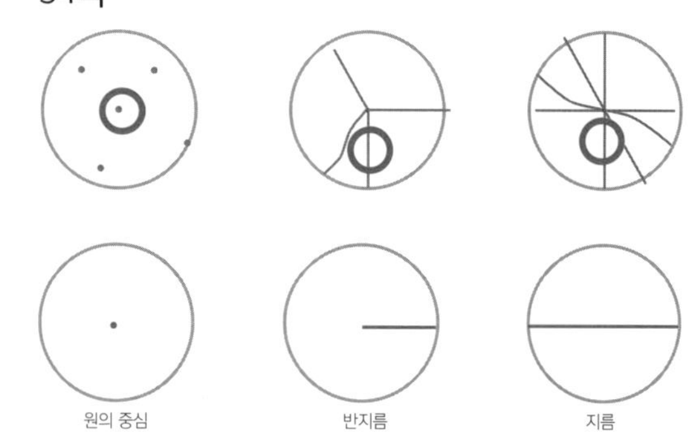

55쪽

ㄷ, ㄴ

59쪽

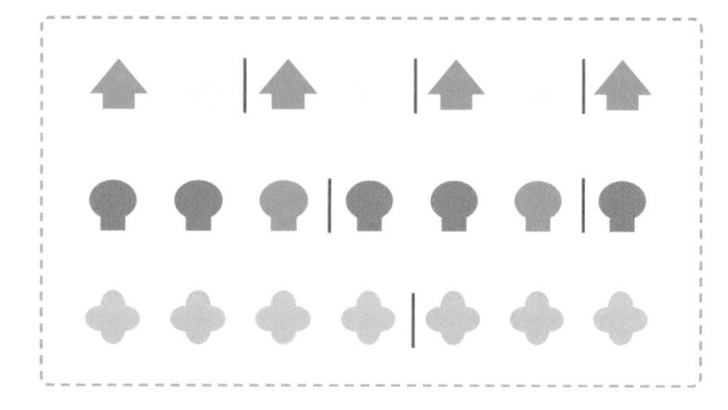

60쪽

61쪽

62쪽

송아지, 발, 테니스 라켓

64쪽

65쪽

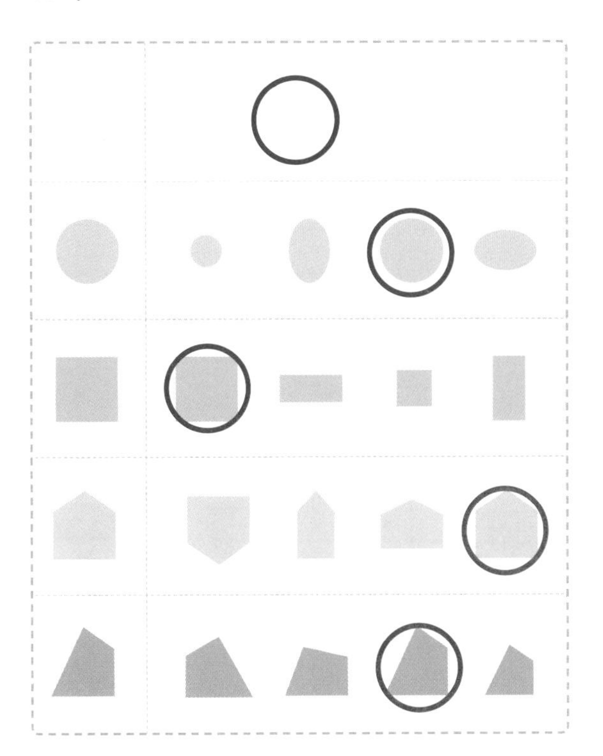

66쪽

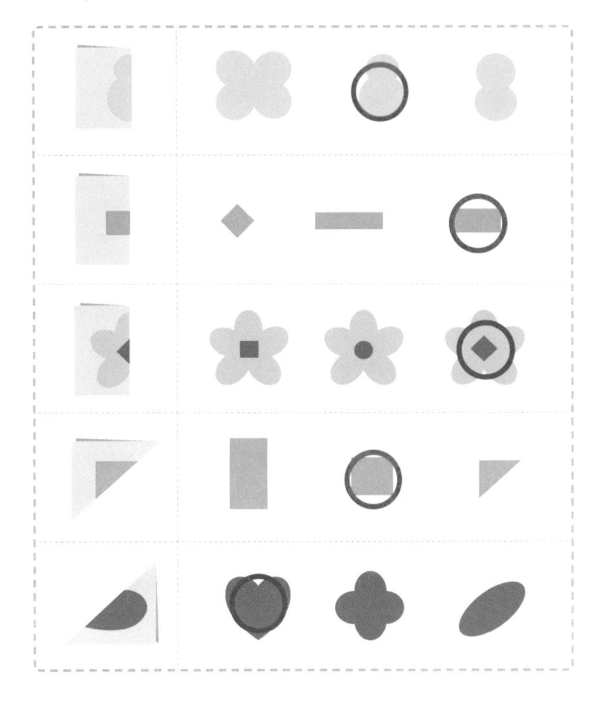

68쪽

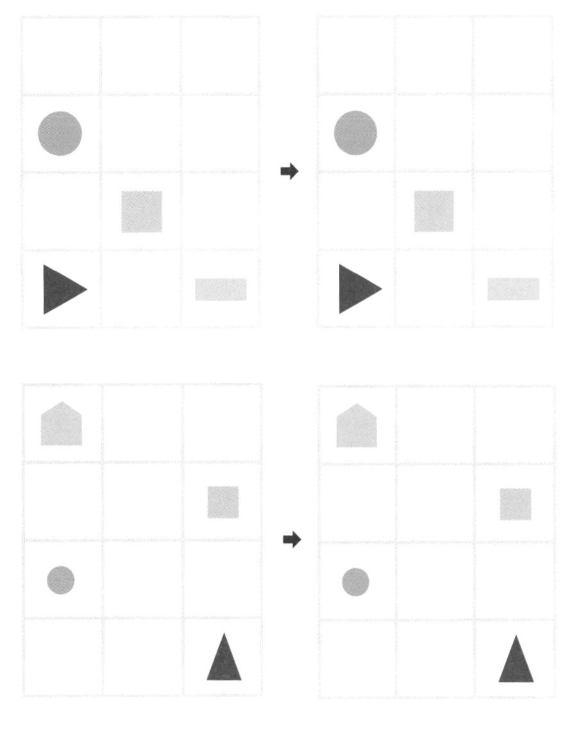

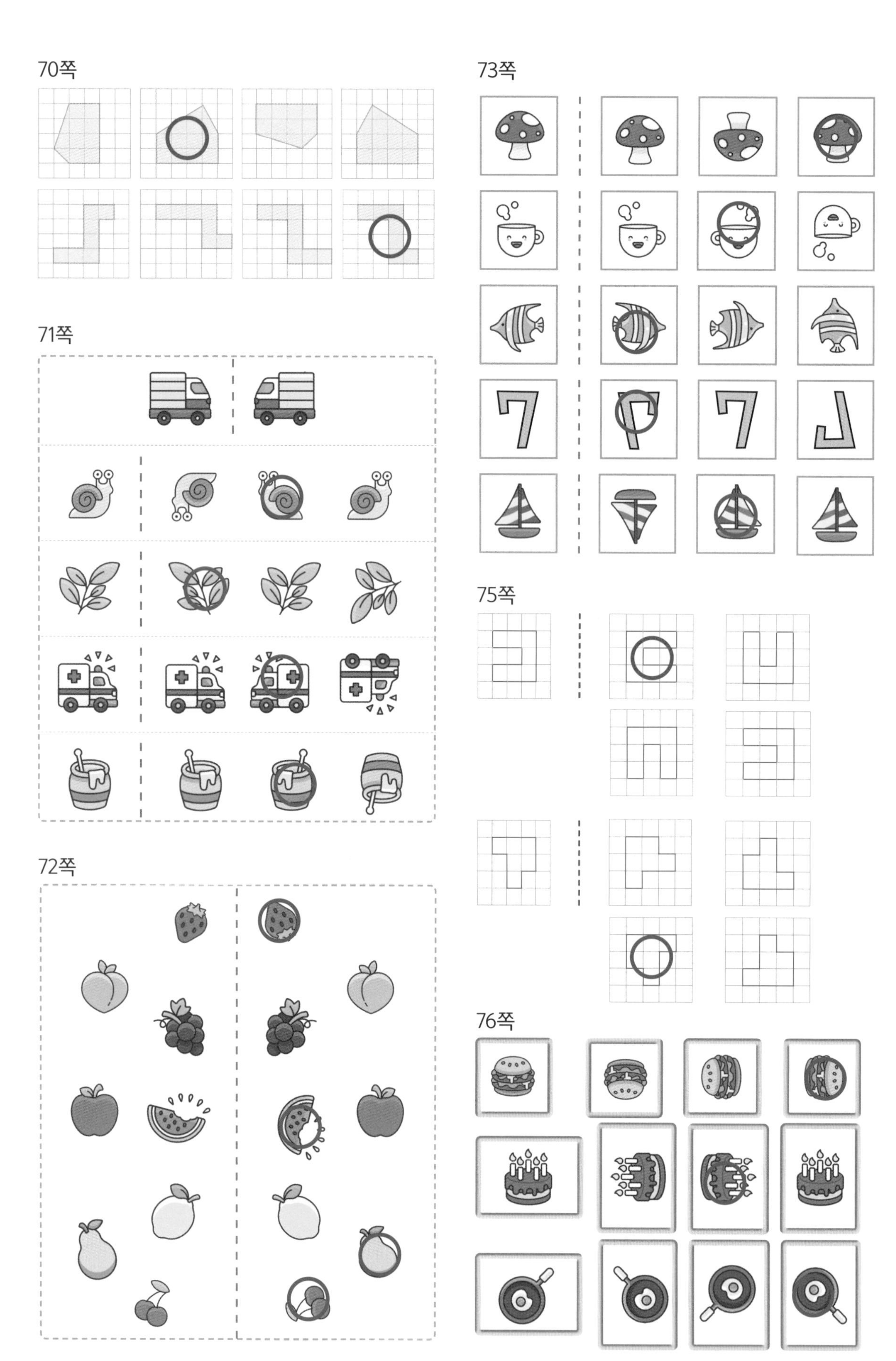
70쪽
71쪽
72쪽
73쪽
75쪽
76쪽

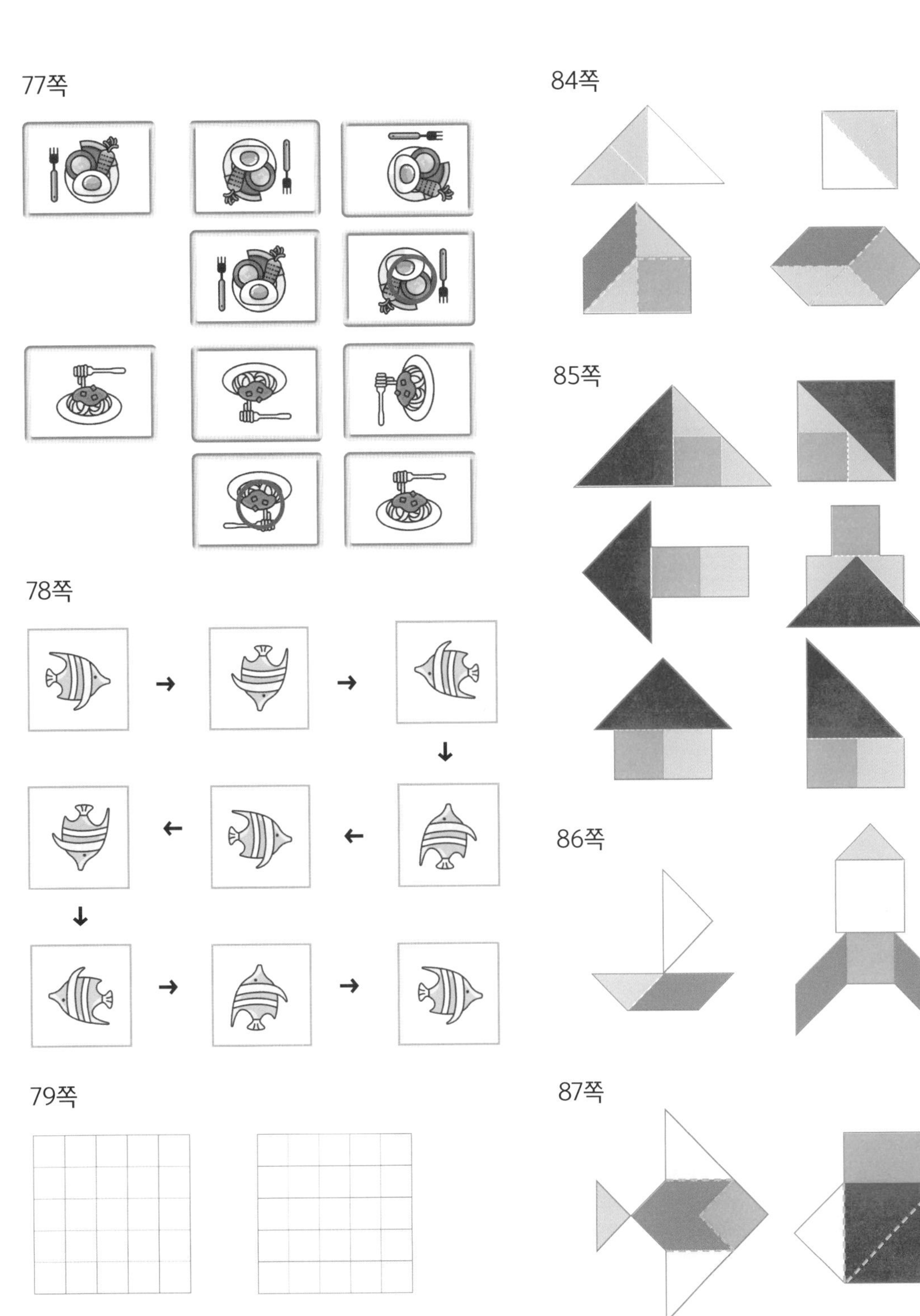
77쪽
78쪽
79쪽
84쪽
85쪽
86쪽
87쪽

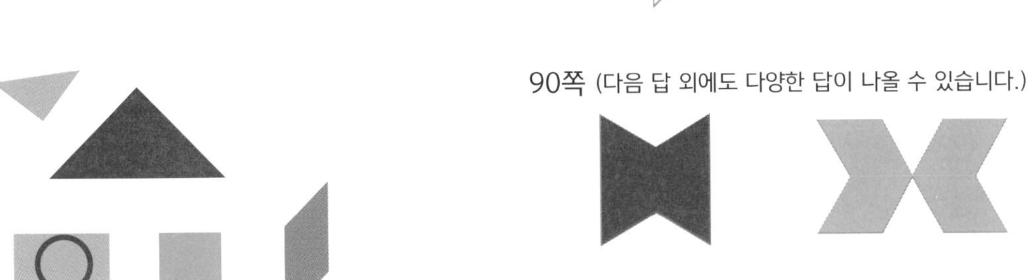
83쪽
90쪽 (다음 답 외에도 다양한 답이 나올 수 있습니다.)

91쪽 (다음 답 외에도 다양한 답이 나올 수 있습니다.)

93쪽

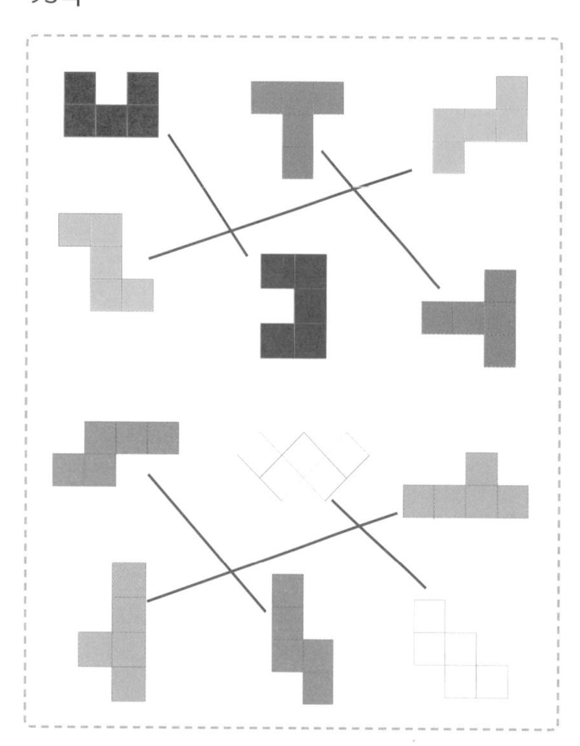

95쪽

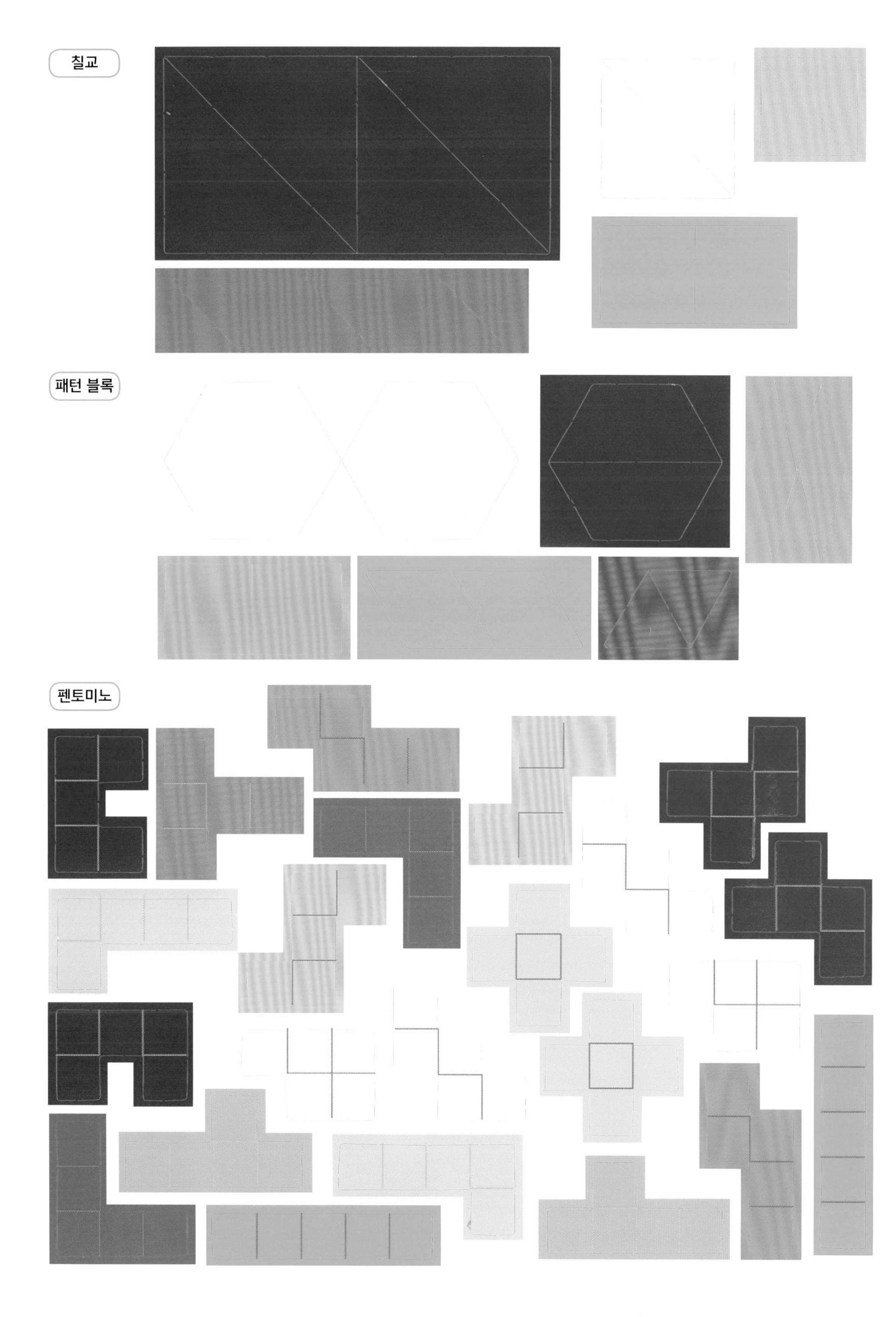
칠교
패턴 블록
펜토미노